JN203931

▶**口絵1**　航空機から撮影した台風第21号の目の中の様子（→23ページ）。

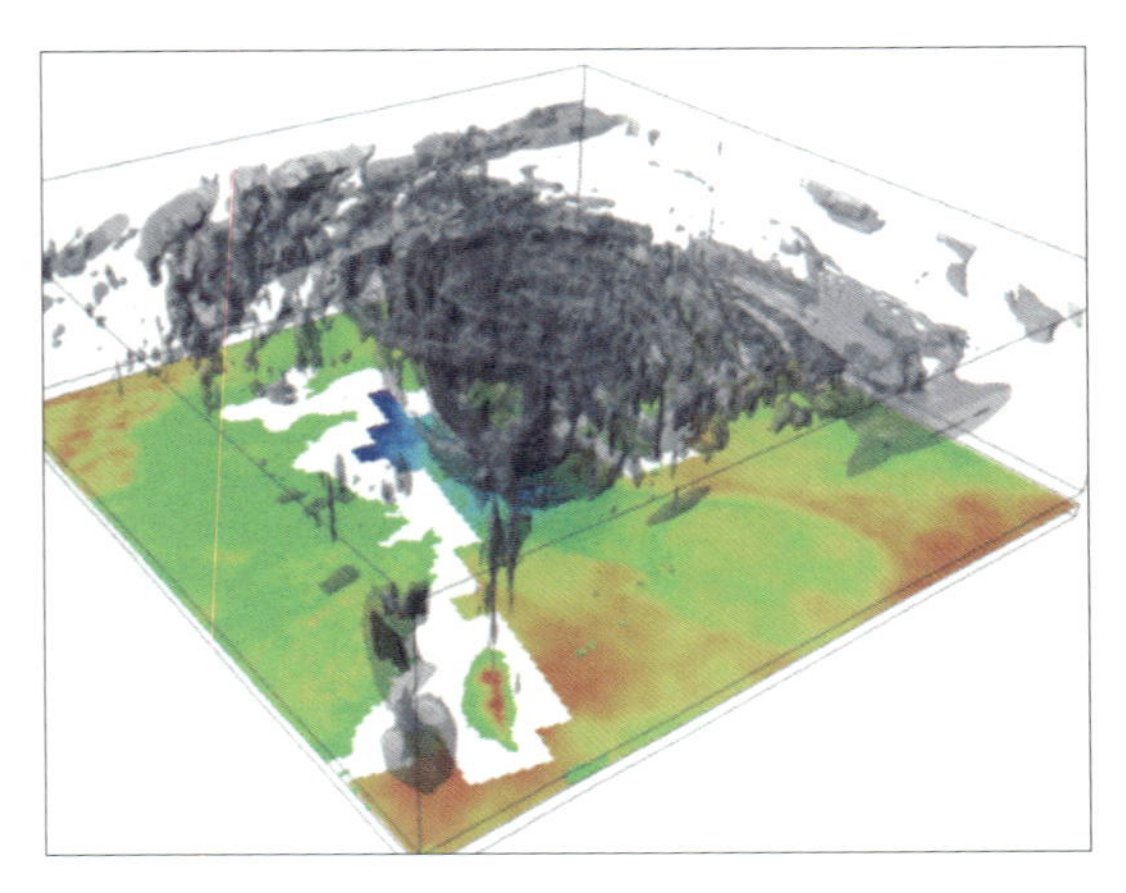

▶口絵２　高解像度大気海洋結合モデルによって得られた、2012年台風第15号の通過に伴う海面水温の低下（→137ページ）。

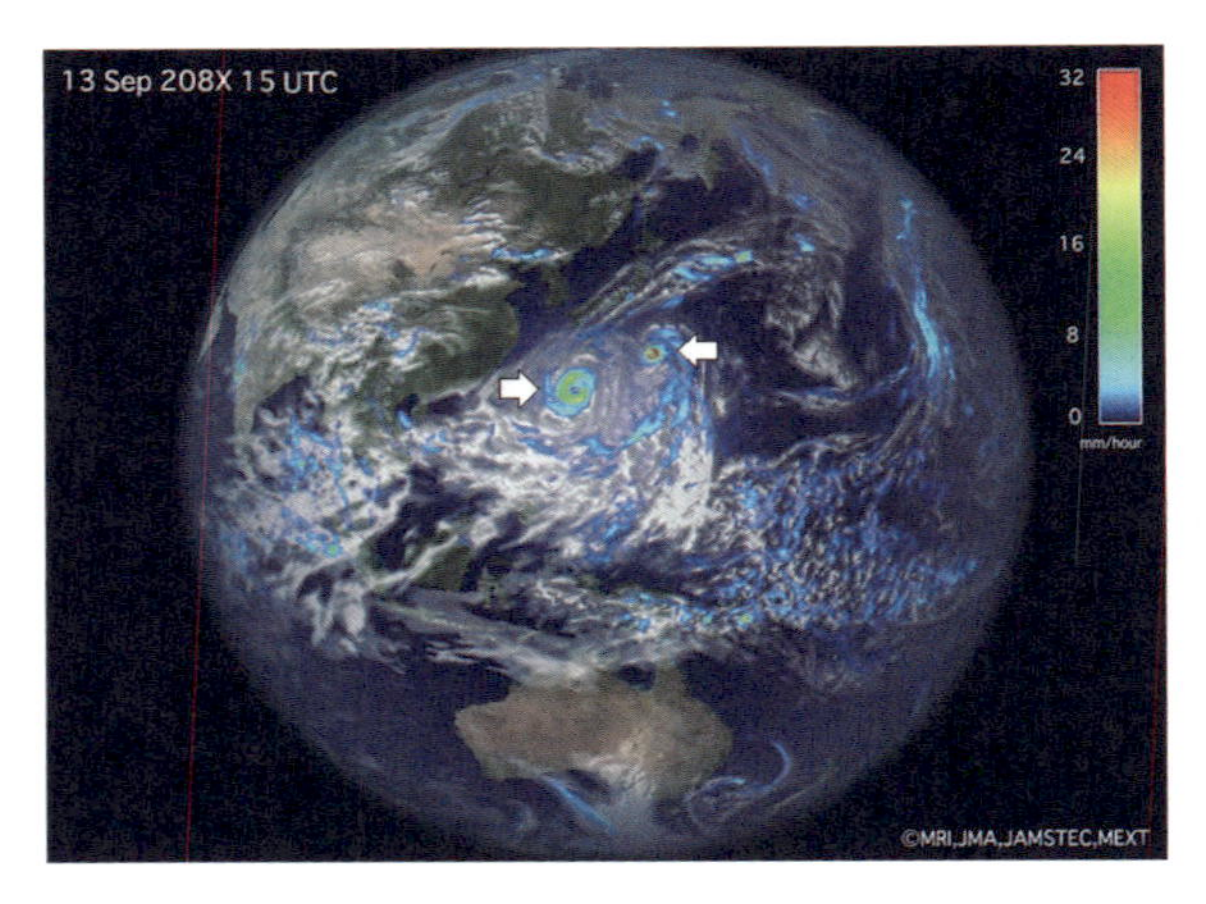

▶口絵３　気象庁・気象研究所で開発された20キロメートル格子の全球大気気候モデルによる、約100年後に人工衛星から地球を見た雲のイメージ図。21世紀気候変動予測革新プログラム広報用ビデオより（原図は気象研究所／気象庁提供）（→211ページ）。

ようこそ、
そらの研究室へ

台風についてわかっていることいないこと

筆保弘徳 編著
山田広幸／宮本佳明／伊藤耕介／山口宗彦／金田幸恵 著

はじめに　100年前の台風予言

1901年1月2日、時あたかも20世紀元年。正月の新聞に掲載された「二十世紀の豫言（よげん）」という記事には、この先100年で世界がどう進化するのか、その当時の有識者が想像をめぐらせて、23項目を列挙しています。①無線電話で海外の友人と話ができる、②葉巻型の列車が東京と神戸間を2時間半で走る、③無教育な人間がいなくなり、男女ともに大学を出る、などなど。100余年後の現代に立って答え合わせをしてみると、どれも見事に実現しているものばかり。いやはや、100年前の先輩方の想像力はたいしたものだと大いに感服させられるなかで、ひとつの予言に目が留まりました。

「台風を1ヶ月以上前に予測して大砲で破壊できる!!」

ご存じの通り、この予言はまったく実現できていません。台風研究者は、この100年間、さぼっていたのでしょうか？

とんでもない。当時は脅威でしかなかった台風も、先人たちの苦労によって、知識が積み重ねられ、科学的な理解は格段に進みました。さらに富士山レーダー（1965〜1999年運用）や気象衛星（1977年〜。現在はひまわり8号）の登場により観測技術も充実し、コンピュータ（2002年に地球シミュレータ、2012年に京が登場）は進化を続け、台風予報の精度も飛躍的に向上しました。そのような科学技術の恩恵を受けて、1950年代まではひとつの台風で1000人以上の方が亡くなる悲惨な被害が頻発していましたが、1959年の伊勢湾台風を最後に、今ではひとつの台風による犠牲者（死者）が100人を超えることはなくなりました。

読者のみなさんのなかには、もはや台風はすべてが明らかになっている大気現象のひとつにすぎないと思われている方もいるかもしれません。でもじつは、台風がどのように発生するのか、どうして急激に発達するのかといった、基本的でありながら、依然として議論が尽きない研究テーマもたくさん残っているのです。我々台風研究者は、そのような解明されていない数々の謎に、日夜挑み続けています。ここまで読み進めると、「台風のこと、何がわかっていて、何がわかっていないのか？　もっと知りたい！」という興味の芽が伸びてきませんか？

そこで「そらの研究室」の出番です。本書は、『天気と気象についてわかっていることといないこと』（2013年）、『異常気象と気候変動についてわかっていることといないこと』（2014年）、『天気と海の関係についてわかっていることといないこと』（2016年）、に続く第4弾。台風研究で活躍する新進気鋭の研究者に、それぞれの切り口から、台風を大いに語ってもらうことにしました。

まず始まりの第1章は、2017年に行なわれた、研究者による日本初の台風飛行機観測です。海上の台風に立ち向かう飛行機の中で、いったいどういった研究者の苦悩と決断があったのか、世紀の観測の舞台裏から幕は開きます。第2章は台風の誕生。近年、劇的にわかってきた台風発生のメカニズム。意外なことに、台風も人間と同じように「生まれつきの特徴」をもっていたという、興味深い最新の研究成果を紹介します。そして第3章は、台風の発達と衰弱のメカニズムに迫ります。どうして台風は、猛威を振るう恐ろしい渦巻きにまで発達するのか、さらに台風はどのように終焉に向かうのか？　この2章と3章で台風の一生を網羅します。

続いて第4章は、台風と海の関係を、著者の紆余曲折な研究人生に重ねて臨場感たっぷりに描きます。海が台風を生み、育む、生命の母なる海は、台風の母でもありました。第5章は気象庁と台風の戦い。日々の台風の解析や進路予報はどうやって行なわれているのか？　気象研究所の研究者ならではの目線で、日本やアジア諸国を台風の脅威から守る気象庁の取り組みを紹介します。最後の章は100年後の未来の話、温暖化と台風。温暖化が進み、台風がどう変わっていくかは、読者のみなさんの関心事だと思います。最新の温暖化研究とそのカラクリをわかりやすく紹介します。

各章末にはコラムを載せました。各章の著者が、「どうして研究者の道を歩むようになったのか？」「今はどんなことに興味をもって研究しているのか？」など、彼らの好奇心を刺激するものは何かを描いています。さらに今回は、大学や研究所での著者の一日も赤裸々に紹介しています。これを読むことで、研究者という存在を身近に感じられるのではないでしょうか。もし高校生や大学生がこのコラムを読んで、将来、気象学の研究者になりたい！」と夢をもってくれれば、執筆者一同、望外の喜びです。

台風研究の最前線の話を多くの方に読んでいただくため、台風の基本を紹介する「台風キホンの㋖」と「台風なんでもランキング」のコーナーも設けました。これだけ頻発して生活を脅かしているにもかかわらず、学ぶ機会の少ない台風ですが、台風の基本から現在進行形の最新研究の世界まで幅広く学べる一冊となっています。

本書は、そらの研究室シリーズを立ち上げたときから編者が思い描いていた、台風の回です。満を持して、いよいよ、「台風の研究室」にご招待いたします。

２０１８年7月　筆保　弘徳

さて、１００年前の台風の予言。いつ頃、実現するのでしょうか？

台風についてわかっていることいないこと Contents

第2章 台風発生のトリガーに迫る！ ―― 台風の「生まれつき」？

第3章 台風が発達するワケ ―― 台風一代記

第6章 100年後の台風――地球温暖化は台風にどのような影響を与えるのか？

台風 キホンの㋖

●台風ってそもそも何？

熱帯の海上で発生する低気圧を「熱帯低気圧」といいます。熱帯低気圧のうち、北西太平洋にあり、最大風速（10分間の風速の平均）が秒速およそ17メートル以上のものを「台風」と呼びます。

●台風はどのように生まれるの？

海面水温が高い熱帯の海上は、海水が蒸発し、それが雲になることによって、強い上昇気流が発生しやすいところです。この気流によって次々と発生した積乱雲（雲の材料は水です）がまとまって渦をつくります。渦の中心付近の気圧が下がり、さらに発達して熱帯低気圧となり、風速が秒速17メートルを超えると台風と呼ばれるようになります。

熱帯にある台風が、どのように日本まで来るの？

台風は周辺の風に流されて移動します。また、地球の自転の影響で、周りに風が吹いていなくても北西へ向かう性質があります。日本付近に来た台風は、上空を吹く強い西風（偏西風）の影響で、多くの場合、北東へ進みます。

台風の「温帯低気圧化」「熱帯低気圧化」って何？

暖かい海面から供給された水蒸気（気体）が水滴（液体）になるときに放出される熱をエネルギーにして台風は発達します。なので、台風は暖かい空気のかたまりです。中心の上空には、周辺より暖かい空気のかたまりである「暖気核」があります。

日本付近の上空には冷たい空気があり、それが台風の暖かい空気と混ざり合おうとするため、寒気と暖気の境である前線を伴う「温帯低気圧」に変わります。台風の温帯低気圧化とは、台風の構造が、温帯低気圧の構造に変化したということなのです。

また、熱エネルギーの供給が少なくなって、風速が小さくなり「熱帯低気圧」に変わることもあります。上陸した台風がよく衰えるのは、水蒸気の供給がなくなり、さらに陸地との摩擦によりエネルギーが失われるからです。

ただし、温帯低気圧になっても、再発達して強風を吹かせたり、熱帯低気圧になっても、強い雨を降らせたりするので油断できません。台風は腐っても台（鯛）！

●台風の風、どこが危ない？

進行方向に向かって右の半円では、台風の風と台風を移動させる周りの風が同じ方向に吹くため、地上付近は風が強くなる傾向にあります。逆に左の半円では、台風の風と周りの風が逆になるので、右の半円に比べると、地上付近の風速は相対的に弱いことが多くなります。

台風の中心は「目」と呼ばれ、ここは風が比較的、弱い領域です。しかし、目の周辺は最も強く風が吹いています。

ちなみに、風は地形の影響を受けやすく、入り江や海峡、岬、谷筋、山の尾根などでは強く吹きます。また、大きな建物があると、ビル風と呼ばれる強風や乱流が発生するので注意が必要です。

台風が接近すると、特に進行方向の前方右側を中心に、竜巻が発生することがあります。また、台風が日本海に進んだ場合には、台風に向かって南よりの風が山を越えて日本海側に吹き下りることによってフェーン現象が発生します。フェーン現象が起こると、空気が乾燥するため、火災が発生した場合は燃え広がりやすくなります。

●台風による雨の注意点

台風は、強い風とともに大雨をもたらします。台風は積乱雲が集まったものなので、雨を広い範囲に、長い時間にわたって降らせます。

台風の目の周りには発達した積乱雲が壁のようにあり（壁雲）、そこは猛烈な暴風雨になっています。壁雲のすぐ外側にも、連続的に激しい雨をもたらす積乱雲があります（スパイラルバンド。インナーバンドとも）。さらに外側（台風の中心から200〜600キロメートル）にも、断続的に激しい雨を降らせたり、竜巻をもたらしたりする、帯状の雨雲があります（アウターバンド）。

台風だけでも大雨をもたらしますが、日本付近に前線が停滞していると、台風から流れ込む暖かく湿った空気が前線の活動を活発化させ、大雨となることがあります。

また、台風の移動速度が遅い場合、総雨量が多くなるので、さらなる警戒が必要です。大雨によって、河川が増水したり堤防が決壊したりして、浸水や洪水が起こることがあります。また、山崩れやがけ崩れ、土石流などの土砂災害も起こる危険性があります。

●大荒れの海には近づくな！

台風が近づくと、潮位が大きく上昇する、「高潮」や「高波」が発生することがあります。高潮は、次の2つの要因によって起こります。

1つは、吸い上げ効果と呼ばれるものです。台風の中心では気圧が周辺より低いため、気圧の高い周辺の空気が海水を押し下げ、中心付近では空気が海水を吸い上げるように働く結果、海面が上昇します。

2つめは、吹き寄せ効果です。台風に伴う強い風が沖から海岸に向かって吹くと、海水は海岸に吹き寄せられ、海岸付近の海面が上昇します。

遠浅の海や、風が吹いてくる方向に開いた湾の場合は、特に潮位が高くなります。海岸に近いところでは高潮による浸水に備える必要があります。

また、強風によって発生した高波も危険です。波が高くなってきている最中にサーフィンをしたり、海の様子を確認するために近づいたりして、高波にさらわれる事故が毎年のように発生しています。

● 天気予報（台風予報）で聞く言葉をおさらい！

・予報円

台風の中心が12、24、48、72、96、１２０時間後に到達すると予想される範囲を円で表したもの。台風の中心が予報円に入る確率は70パーセント。

・強風域

台風の周辺で、平均風速が秒速15メートル以上の風が吹いているか、地形の影響などがない場合に、吹く可能性のある領域。

・暴風域

台風の周辺で、平均風速が秒速25メートル以上の風が吹いているか、地形の影響などがない場合に、吹く可能性のある領域。

・台風の上陸・通過

台風の中心が北海道・本州・四国・九州の海岸に達し、内陸を進む場合、上陸といいます。

台風の中心が、小さい島や小さい半島を横切って、短時間で再び海上に出る場合は通過といいます。

台風の強さ・大きさ

階級	最大風速
強い	33m／s以上〜44m／s未満
非常に強い	44m／s以上〜54m／s未満
猛烈な	54m／s以上

階級	風速15m／s以上の半径
大型（大きい）	500km以上〜800km未満
超大型（非常に大きい）	800km以上

第1章

台風ニ突入セヨ

――正解のないテストをぬり替える

山田広幸

1・1 これが台風の目だ！

突入の瞬間

私（山田）「きた、きた！　きたー！」
パイロットA「おおー！」
パイロットB「これが台風の目か！」

台風研究者と観測装置を乗せた小型ジェット機が台風第21号の目に入った瞬間、操縦席に歓声が沸き起こりました。視界ゼロの雲の中を30分以上飛び続けたあと、目の前に突如として広がったのは（図1・1、口絵1）の景色でした。眼下に広がる低い雲と、その切れ目から見える青い海。それを取り囲むのは、野球スタジアムの観客席のように斜め上方にそびえ立つ壁雲（かべぐも）（または「へきうん」）。その上空には吸い込まれそうな紺碧（こんぺき）の空が広がっていました。

２０１７年10月21日、鹿児島空港を飛び立った小型ジェット機「ガルフストリームⅡ」は、午後2時30分に目の中に進入し、気象観測装置「ドロップゾンデ」を高度13・8キロメートルの上空から投下しました。投下して数秒後に、気圧・気温・湿度・風向・風

▶**図1・1**　航空機から撮影した台風第21号の目の中の様子。

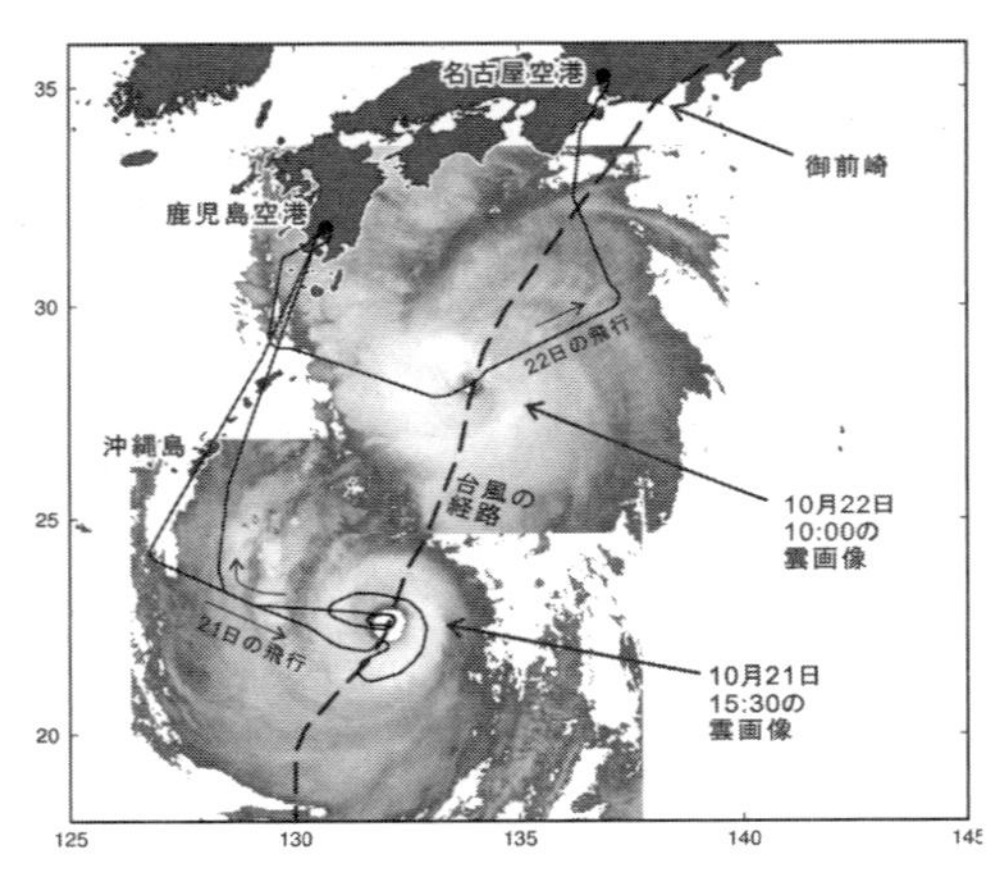

▶図1・2　台風第21号の雲画像と、10月21日および22日の飛行経路。雲画像は目に進入した時刻のもの。

速の情報が無線により1秒間隔で受信できているのを確認しました。これが、日本の研究チームが航空機を使って台風の目の中に入り、初めて気象のデータを取った瞬間です。

台風第21号は、日本の南海上を北北東に進み、静岡県の御前崎（おまえざき）付近に上陸しました（図1・2）。気象庁の発表によると、中心気圧が915ヘクトパスカルまで下がる非常に強い台風でした。

私たちが初めて目に進入した10月21日の衛星画像では、目がはっきりして、その周りをドーナツ状の雲が取り囲んでいます。目の大きさは直径90キロメートルで、比較的大きいものでした。先ほども紹介しましたが、このドーナツ状の雲のことを「壁雲」といい、台

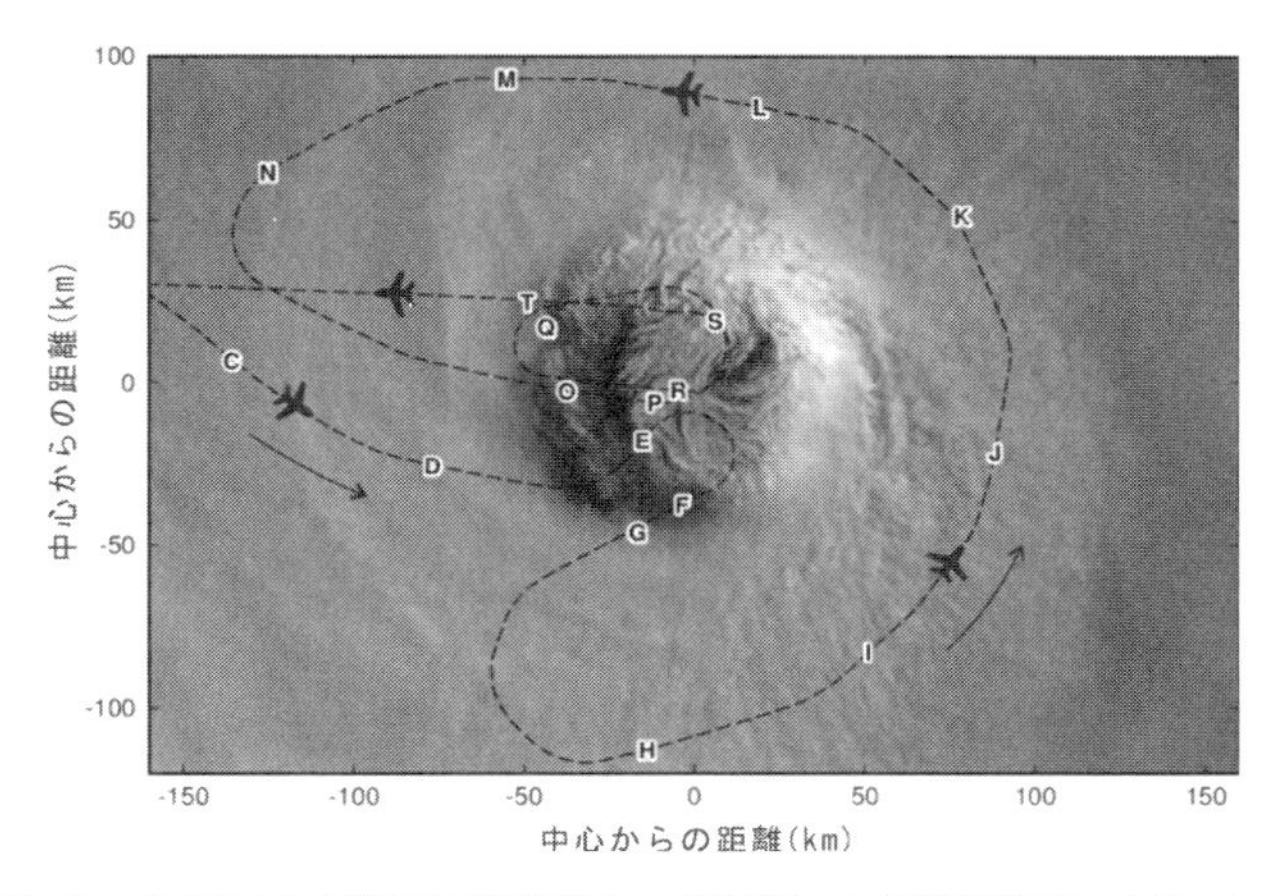

▶図1・3　10月21日の衛星可視画像と、飛行機による観測経路。アルファベットはドロップゾンデ観測を行なった地点。

風の中で最も強い風が吹き、強い雨が降る危険なところとして知られています。

機内から見た壁雲の様子

目の中の様子を詳しく見てみましょう。気象衛星ひまわり8号には、台風の中心など特定の部分を2・5分ごとの高い頻度で撮影する「機動観測」という機能があり、私たちの飛行時はこれにより台風の様子を捉えていました。

図1・3は目の中心付近の可視画像（雲や地表面で反射された太陽光を観測したもので、人間の目で見たときのような画像）です。目の中でも、雲のないところはわずかで、ほとんどは低い雲に覆われています。目を取り囲む壁雲には、多数の「しわ」のような模様が見られます。こ

▶**図1･4**　機内から撮影した壁雲の形態。矢印は衛星可視画像に見られる「しわ」の部分を表し、「×」は渦巻きのようなところを表す。

れらは航空機からはどのように見えるのでしょうか？

その様子を機内から撮影した写真（図1・4）で確認してみましょう。上の写真は北側の壁雲の様子です。手前の低い雲に覆われたところが目の中で、矢印で示すところが「しわ」に見える部分です。海上から7キロメートルくらいの高さまでほぼ垂直に切り立っており、破線で示すように、その上は緩やかに外へ向かって傾いています。その根元にある低い雲（「×」のところ）は、渦を巻いているように見えます。この渦巻きのような形は、下の写真にある西側の壁雲にも見ることができます。

壁雲の「しわ」の存在は、大西洋の非常に強いハリケーンでも観測されており、「メソ渦」とよばれる、直径が数キロメートルの渦を伴っているといわれます。メソ渦は竜巻を伴うことがあり、今回撮影された「しわ」も竜巻を伴っていたのかもしれません。竜巻のような猛烈な乱気流に遭うと、最悪の場合は機体が空中分解するか、失速して墜落してしまうかもしれません。機内でそんなことを想像すると、背筋が寒くなってしまいますが……。

しかし意外なことに、私たちはこの台風の中で強い揺れに遭うことは一度もありませんでした。小さな揺れは常にありましたが、シートベルトを締めなくても済む程度のものでした。翌22日にも目の中へ進入しましたが、揺れは大きくありませんでした。これは、高度13・8キロメートル（4万3000フィート）という、航空局から許可が得られる最も高いところを飛行したことと関係していそうです。この高度は、（図1・4）の雲の一番上にある、のっぺりとした「かなとこ雲」の部分にあたります。台風の回転は、地上に近い高度1キロメートルあたりで最も強く、上空に行くにしたがって弱まるのが特徴です。つまり、乱気流は強い風が吹く下のほうに多く、上空に行くにつれて少なくなっているのかもしれません。

台風観測プロジェクトの概要

このエキサイティングな台風飛行は、「T-PARC II」（ティーパーク・ツー）というプロジェクトの一環として行なわれました。名古屋大学にある宇宙地球環境研究所の坪木和久教授が代表となり、琉球大学理学部や気象庁気象研究所などが参加しています。

このプロジェクトの目的は、台風による暴風や集中豪雨の災害を軽減するため、台風の強度予報の精度をよくすることです。台風の観測飛行により、日本に接近する台風の中心気圧を直接測定し、天気予報を数値的に行なう巨大な計算プログラムである「数値モデル」に観測データを取り込むことで、予報の精度の向上を目標としています。日本に上陸する前に台風の強さを正確に予測することで、避難の呼びかけを早くでき、被害を軽減できると考えています。日本学術振興会から科学研究費補助金の交付を受け、2020年まで実施する計画です。

気象観測のための専用の航空機は日本にないので、愛知県の県営名古屋空港を拠点とするダイヤモンドエアサービス株式会社の「ガルフストリームⅡ型」を貸し切り、ドロップゾンデの受信機と投下装置を搭載して観測に臨みました（図1・5）。ゾンデの投下装置は機体の中央付近にあります。機内の気密を保つため、投下するときだけ蓋が開くようになっています。

受信装置は2台あり、それぞれ2チャンネルの受信が可能で、合計4台のゾンデからの信号を同時に受信できます。

ドロップゾンデは発泡スチロールで覆われた小型軽量のもので、パラシュートがなくても空気抵抗により緩やかに降下するように設計されています。投下してから海上に到達するまでの約15分の間に、UHF帯の電波を用いて観測データを1秒間隔で送信し、それを航空機で受信します。このドロップゾンデは、今回のプロジェクトのために明星電

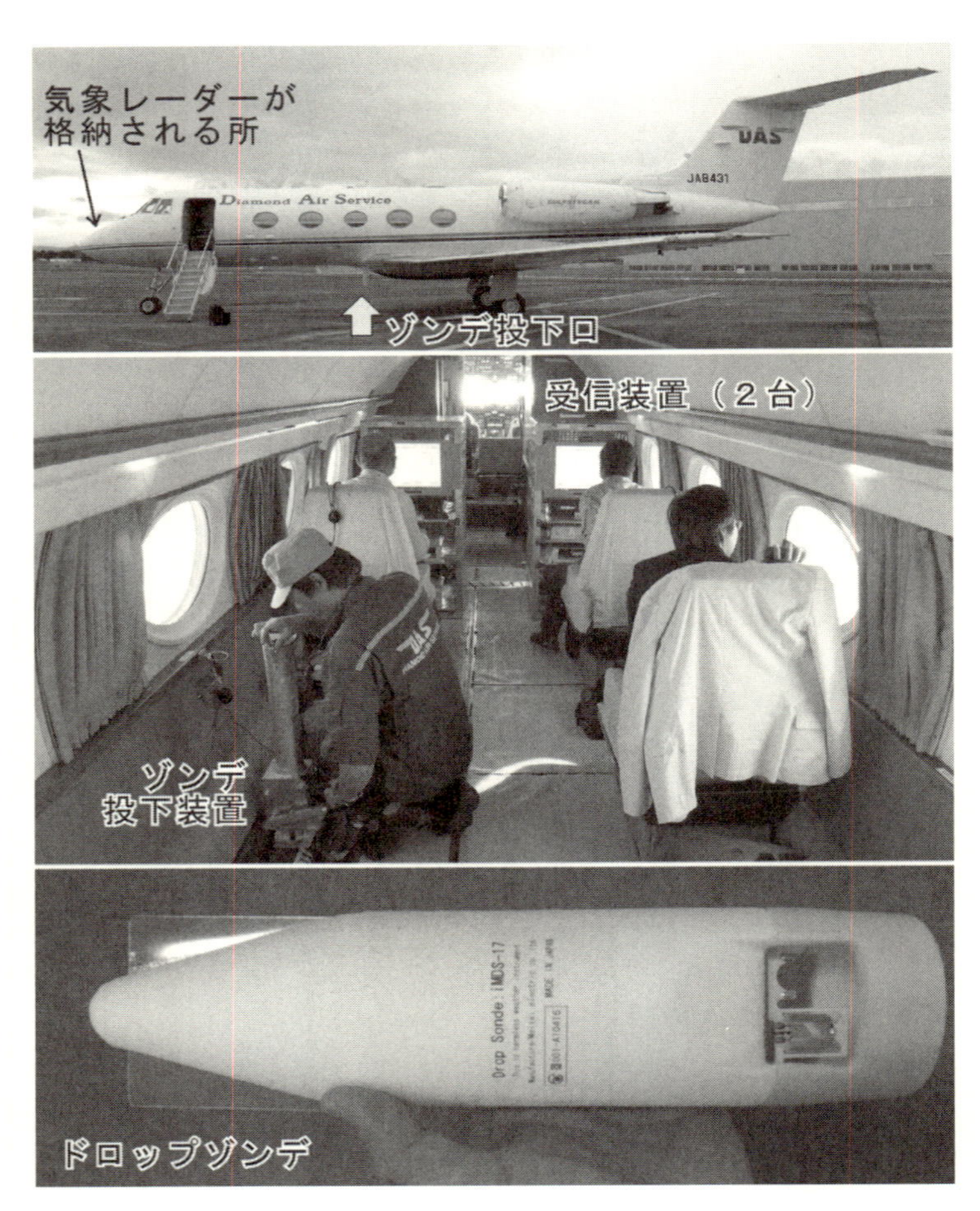

▶**図1·5**　観測飛行に使用した「ガルフストリームⅡ型」の外観と機内の様子。下はドロップゾンデ。

気株式会社で新たに開発されたものです。ドロップゾンデは使い捨てで、海上に着くと任務は終了です。環境への負荷を軽減するため、発泡スチロールは微生物によって分解されるものを使用しています。

じつは計画外だった

観測飛行の初日の朝、飛行経路に関する打ち合わせを鹿児島空港で行ないました。この時点で台風の目はすでにはっきりとして、壁雲が発達しているのが衛星画像で確認できました。壁雲では上昇気流が強く、強い乱気流や着氷が懸念されるので、「壁雲の外側を周回飛行する」という大まかな計画を立て、詳細は台風に接近してから適宜修正することになりました。民間のジェット機なので、安全な飛行が最優先となるため、この時点で目に進入することは想定していませんでした。

午後0時23分に鹿児島空港を離陸し、奄美大島と沖縄本島の上空を通過し、そこから南東に進路を変え、午後2時すぎに台風第21号に接近しました。航空機の先端の鼻の部分に取り付けられた気象レーダーにより、台風の中心近くの降水の分布が見えてきました（図1・6）。

▶**図1･6**　（上）操縦席と（下）気象レーダー。台風の目に進入する約10分前に撮影した。

丸い形をした黒い部分が台風の目で、その周りが壁雲です。降水の強さは、弱いほうから緑・黄・赤・紫の4色で分類され、緑と黄色は進入可能で、赤と紫の領域は避けるべきところです。図1・6の下の画像は白黒なので、赤色のところを「強い降水エコー」として破線で囲っていますが、これは壁雲の一部分にしか存在していません。航空機の目の前にある壁雲の降水は弱いことがわかります。

私はこの飛行で、進路の選択について研究者側の意向をパイロットに伝える役割を担っており、操縦席のすぐ後ろにある「ジャンプ・シート」に座ってレーダーの画像を注視していました。この画像を見ながら「これなら壁雲を通過して目に進入できる」と直感しました。パイロットにその意向を伝えると、「危なくなったらすぐ外に出ることにして、まずはやってみよう」ということになり、目に進入することが決まりました。図1・3のD地点の手前で中心に向かって旋回しているのがわかると思います。ここが私たち台風研究者にとっての「ターニングポイント」といえるでしょう。

その10分後、我々は壁雲を抜けて目に進入し、先に述べた素晴らしい風景を目の当たりにしたのです。この日はもう一度、目に進入し、目の中で2周して、OからTまでの地点でドロップゾンデを投下しています。このときも、気象レーダーを見て危険なところを通ることなく、壁雲を通過することができました。

1・2 直接観測のワケ

台風の強さを知るために

ここからは、どうして私たちがこのようなエキサイティングな台風観測を行なうのか、その意味をお伝えしましょう。皆さんは、台風が日本に接近すると、その位置や強さなどの情報がテレビのニュースなどで伝えられるのをご存じだと思います。この情報を発信するのは気象庁です。気象庁では台風の中心気圧と10分平均の最大風速を6時間ごとに、日本への接近時は3時間ごとに発表しています。気象庁は、北西太平洋における台風の命名と、警報・注意報の発表に関して、日本ではその責任を負う唯一の公的機関であり、さらに国連の専門機関である世界気象機関（WMO）からもその任務を請け負っています。気象庁が公式な情報を発信している現在において、研究者があえて航空機で観測に行く意味はどこにあるのでしょうか？

一言でいえば、「正解を探しにゆくこと」です。

台風の多くは、太平洋の大海原で発達して日本に接近します。観測点のない海の上で、台風の気圧と風の強さをどのように測っているかご存じですか？　大時化の台風の中に船で入るのは危険だし、無人の海洋ブイを使うにしても、台風の経路上にブイをばらまくのは多大な費用がかかります。

じつをいうとほとんどの場合、気象庁は気圧や風速を測っていません。台風が上陸して観測データが得られる場合を除き、静止気象衛星の画像などを用いて「推定」しているのです。衛星画像の雲のパターンから、決められた手順にしたがって中心気圧と最大風速を導き出す、「ドボラック法」を用いています。

これは、アメリカの気象学者ヴァーノン・ドボラックが1974年に考案した解析法です。彼は、大西洋における過去のハリケーンについて、航空機により実際に測定された中心気圧・最大風速と、衛星画像の雲パターンとの対応関係を調べ、この方法をつくりました。

気象庁を含む世界の気象機関では、訓練を積んだ専門家が、気象衛星の画像を観察しながら解析し、手順にしたがって中心気圧と最大風速を推定しているのです。気象庁は、1977年に静止気象衛星「ひまわり」1号を打ち上げ、1980年代の検証期間を経て、この解析法を実用的に用いるようになりました。

答えのないテストが30年も続く！

これと入れ替わるように、北西太平洋では米軍の台風観測が１９８７年に終了しました。軍用のプロペラ機を用いて低高度を飛行し、台風の中心に突入して測定を行なっていましたが、乱気流に耐える専用の航空機と乗組員を維持するのに膨大な費用がかかり、気象庁にもこれを引き継ぐ予算的な余裕はなく、継続的な台風観測はこの時点で途絶えました。ここから現在に至る30年もの間、特別観測プロジェクトでアメリカの観測機による台風の中心の観測が数回行なわれただけです。すなわち、台風の強さに関する「正解」はないに等しいのです。

ドボラック法は人間の主観的な判断を完全に排除することはできません。したがって、気象庁の発表は正確な測定値ではなく、「９５０ヘクトパスカルぐらいだろうと考えています」という推定の値なのです。実際の中心気圧からのずれが10ヘクトパスカル程度であれば大きな問題にはなりませんが、それ以上にずれている可能性も、証拠がないので否定できません（詳しくは第5章で述べます）。

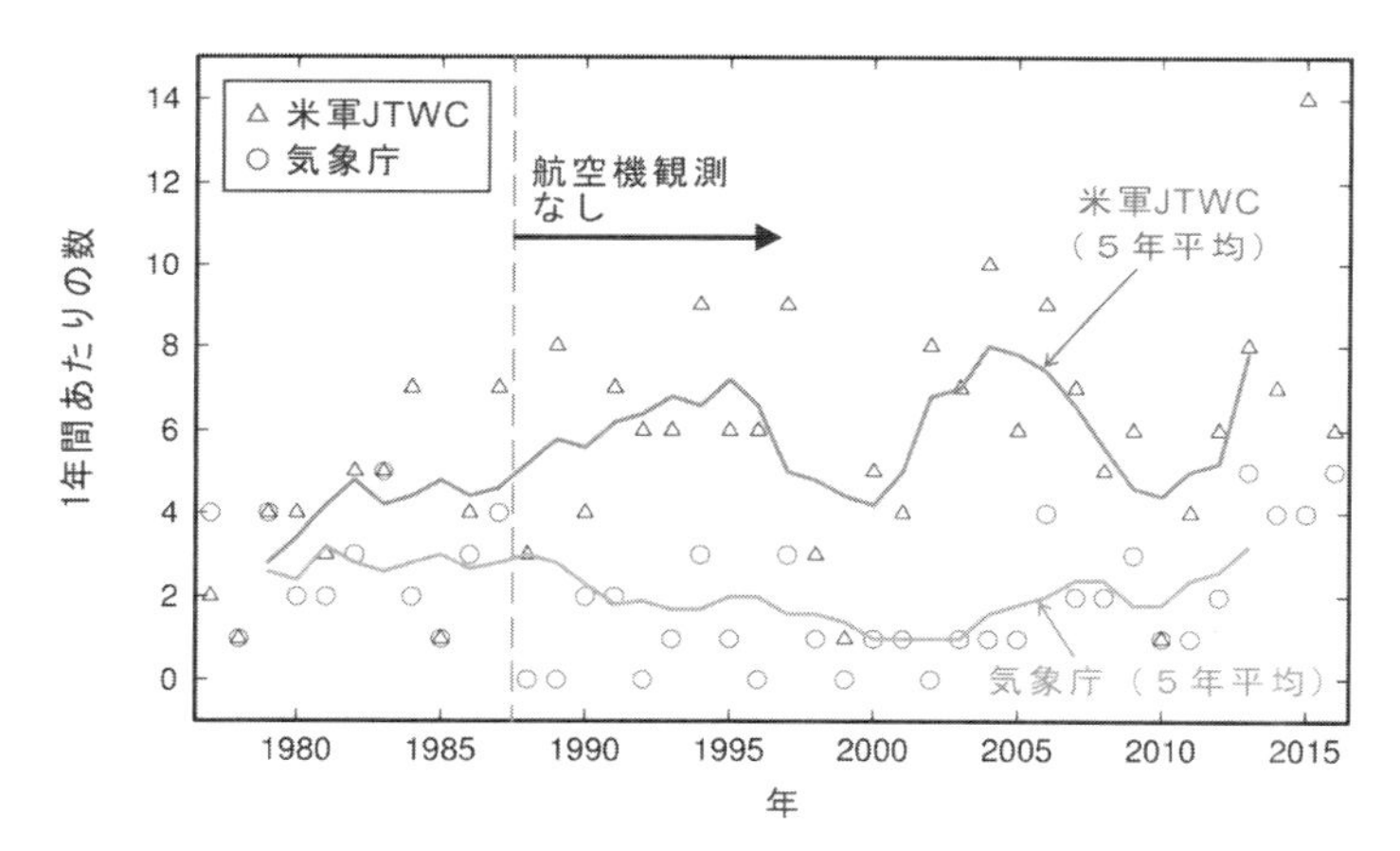

▶**図1・7**　猛烈な台風（10分平均の最大風速が毎秒54メートル以上）の年間個数の変化。米軍JTWCの最大風速は1分平均の値なので、経験式を使って10分平均の値に変換してから台風の個数を数えている。台風のベストトラックデータには、アメリカ海洋大気庁（NOAA）が提供する「IBTrACS」を使用した。

過去の台風の強さの情報は、「ベストトラック」という名前で、気象庁などに保管されています。北西太平洋では気象庁のほかに、ハワイにある米軍の合同台風警報センター（JTWC）が台風の監視を行なっており、2つの気象機関の記録を比較することができます。図1・7は、最大風速が毎秒54メートル以上である「猛烈な台風」の年間発生数の変化を示したものです。最大風速の定義について、気象庁は世界気象機関の標準に準拠した10分間の平均、JTWCは独自の1分間平均を用いるという違いがあるので、ここでは

ＪＴＷＣの最大風速を変換式（Harper *et al.* 2008）により10分間の平均に置き換えたもので猛烈な台風の数を数えています。このような定義の違いにより、年ごとの個数は両者で完全に一致しないものの、１９８０年代前半までは近い値を示しています。ところが、航空機観測がない１９９０年代以降は両者のデータが著しく離れているのがわかります。

２つの記録のどちらを信用するかで、気候の変動と台風の関係に解釈のずれが生じることになります。ＪＴＷＣでは１９９９年と２０１０年頃に個数が大きく減少し、10年程度の周期性が見られます。より長期的に見たとき、ＪＴＷＣにはこの30年間でゆるやかな増加の傾向が見られます。一方、気象庁のデータにはそのような変動は見られません。

この２つの記録のうち、我々はどちらを信用したらよいのでしょうか？　前述の通り、直接観測による「正解」がないので、この問いに誰も答えることができないのです。

１・３　上からも下からも横からも

もちろん、気象庁や国内外の研究者たちは、このような困った状況を黙って見過ごしているわけではありません。この30年間、技術の向上によってさまざまな新しい観測機器が登場しました。「ドボラック法」だけでなく、別の方法で台風の強さを推定する方法の開発が進んでいます。ここでそのいくつかを紹介しましょう。

軌道衛星のマイクロ波センサを使う方法

静止衛星「ひまわり」よりも低い高度を飛行する軌道衛星のなかには、地球の表面や大気、雲、降水などから放出される「マイクロ波」のエネルギーを観測するセンサを搭載するものがあります。マイクロ波とは、周波数が5〜200ギガヘルツの電磁波のことで、身近なところではスマートフォンや無線LAN機器、電子レンジで利用されています。マイクロ波は大気や雲からも微弱ながら放出されており、それを低高度で飛行する衛星で測るのです。計測されたデータから、台風の強さに関係する情報を得る研究が進んでいます。2つの方法を紹介しましょう。

ひとつはマイクロ波探査計を用いる方法です（図1・8）。探査計は、マイクロ波のなかでも、酸素や水蒸気により吸収される周波数のものを、周波数を細かく区切った複数のチャンネルで計測します。各チャンネルがそれぞれ異なる高度からの放射に感度を持つので、気温の高さごとの変化を推定できます。台風の中心には「暖気核」とよばれる、

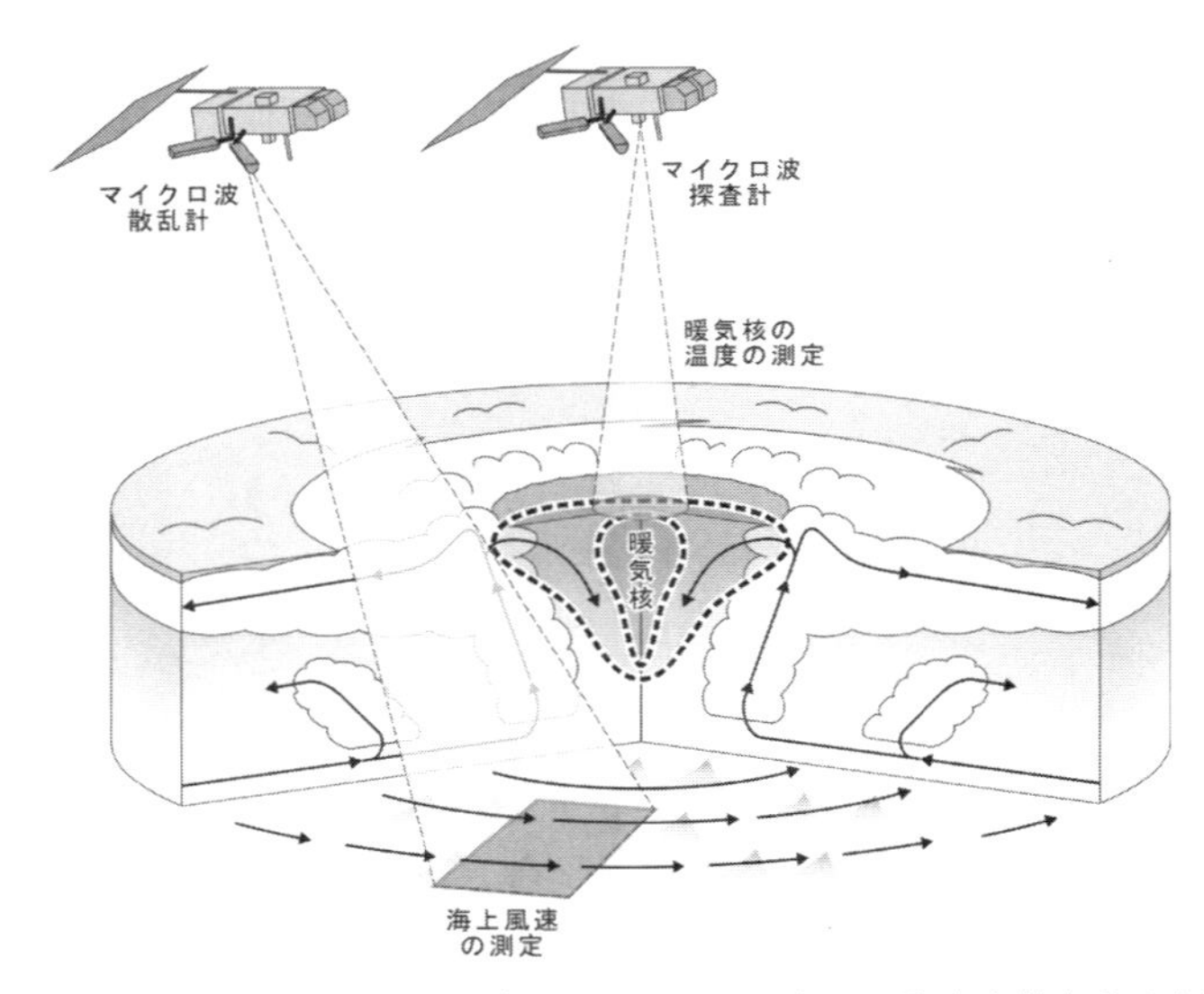

▶**図1・8**　軌道衛星のマイクロ波センサを用いて台風の強度を推定する方法。

気温の高い領域があり、強い台風ほど温度が高いといわれています。つまり、暖気核の温度から台風の強さを推定できるのです。

もうひとつは、マイクロ波散乱計を用いる方法です。散乱計は探査計とは異なり、衛星からマイクロ波を発射し、海面で散乱して返ってきたものを受信します。海上での散乱は波の立ち方で決まり、それは海上の風速に依存します。つまり、海上の風速から台風の強さを推定することができます。ただし風速の推定は秒速30メートル程度までで、それ以上の暴風を測ることはできません。また、強い雨が降っている台風の壁雲の周囲では風速の誤差が大きくなります。

近年、気象庁ではドボラック法と併せて、マイクロ波による推定法も利用しています。ただし、大きな欠点があります。それは観測の頻度です。マイクロ波センサを搭載した衛星は、空間分解能を確保するため、静止衛星より低い1000キロメートル以下の高度を飛行します。この高度では、地球の重力とつりあう遠心力を得るため、地球の自転速度より速く飛行する必要があるので、地球上のある一点に静止することができず、常に移動することになります。このため、ひとつの衛星でひとつの台風を観測できるのは、最短でも半日ごとになってしまいます。頻度を上げるには複数の衛星を運用する必要がありますが、衛星の打ち上げには莫大な費用がかかるため、現在は世界で数台の衛星が運用されるのみです。

ひまわり8号を使う方法

静止衛星で観測した連続画像から雲の動きをとらえ、台風の強さを監視する試みも行なわれています。雲が周囲の風に流されて移動すると仮定し、雲の上部の風向きと強さを推定したものを「大気追跡風」といいます。図1・9は雲パターンの追跡をイメージ

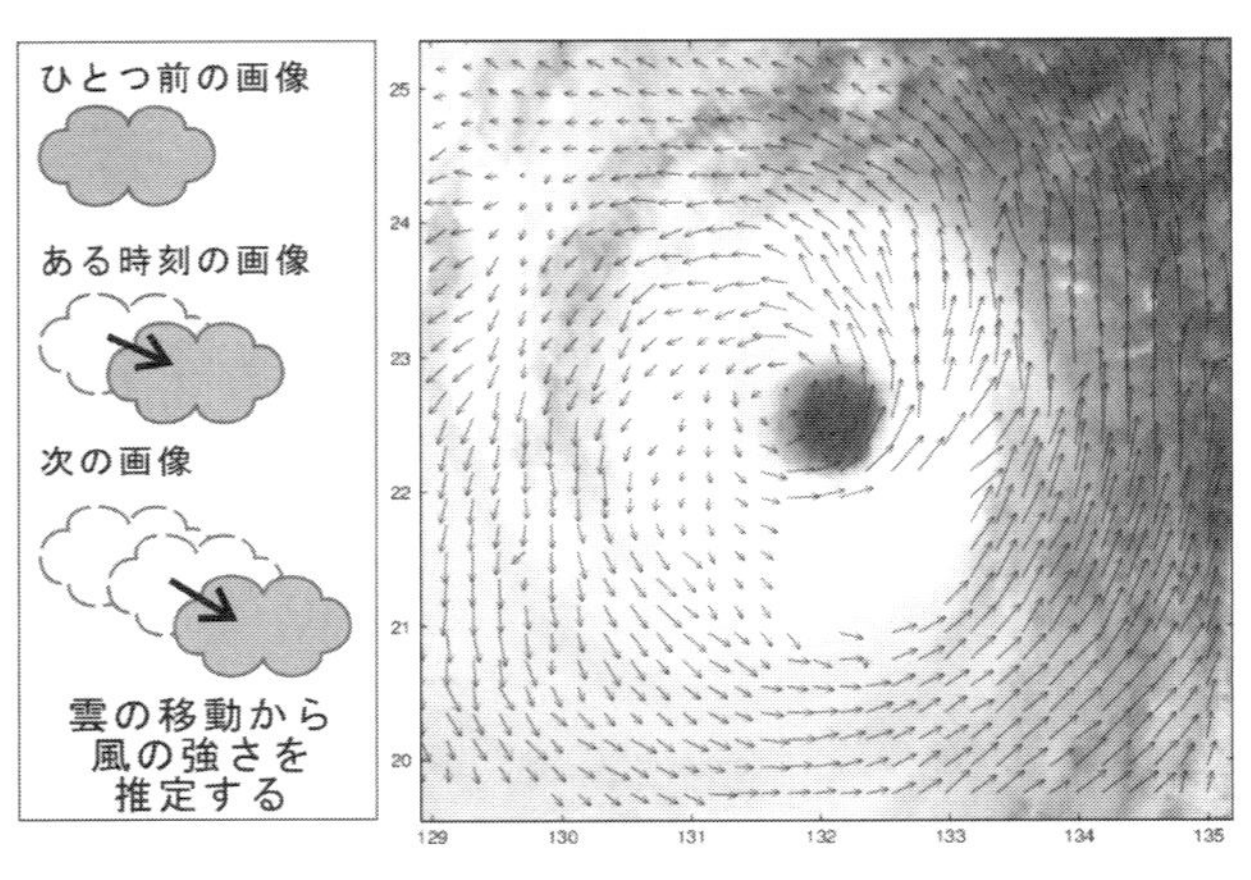

▶**図1･9**　（左）大気追跡風の原理と、（右）台風第21号の機動観測による大気追跡風。データは気象庁気象研究所の小山亮博士からの提供。

したものです。時間的に連続した3つの画像を使い、同じ雲のパターンを追跡することで、その移動ベクトルを算出します。台風のように風が非常に強い場合、雲を追跡するのが困難になりますが、前述した「機動観測」による2・5分ごとの画像がある場合、短い間隔で雲の動きをとらえることができるので、台風の雲を追跡することができます。

図1・9の右側は、台風第21号の大気追跡風です。台風の中心近くで反時計回りの風が解析されているのがわかります。一部で欠けた部分があるのは、上空の巻雲が滑らかで、雲のパターンが認識できないことによります。大気追跡風は台風の上部の風を表したものなので、地表での最大風速と中心気圧を求める

ことはできませんが、発達の傾向を知ることができます。気象庁気象研究所の小山亮博士は、台風が急速に発達するとき、中心から外に向かって発散する風の成分が強まることを明らかにしています（Oyama 2017）。つまり、台風が急に強まるシグナルをとらえることができるので、予報や防災に役立つと期待されています。

気象ドップラーレーダーを使う方法

高い頻度で観測できる点で注目されているのが「気象レーダー」です。これは、陸上に設置した装置からマイクロ波を発射し、雲の中の雨粒や雪の結晶により散乱して返ってくるものを受信することにより、雨雲の位置と降水の強さを測定する装置です。日本では気象庁が国土のほぼ全域をカバーするようにレーダーを配置して、雨雲の位置と動きを5分ごとに観測しています。スマートフォンで手軽に閲覧できる雨雲の動きは、主にこのレーダーで観測されたものです。

気象レーダーで「ドップラー効果」を利用すると、風の強さを測ることができます。ドップラー効果を身近に感じられるものとして、救急車のサイレンがあります。救急車が近づくときにサイレンの音が高く、通過して遠ざかると低い音に変わるのを、みなさんも経験したことがあると思います。この音の変化は「周波数」の変化を表しており、レーダーでは音波の代わりにマイクロ波の周波数のずれを測定します。

その原理を、図1・10aを用いて説明しましょう。まず、雨雲がレーダーに向かって接近する場合を考えます、このとき、雲の中に含まれる雨粒は、水平方向には周囲の風とともに移動すると仮定します。レーダーから発射された送信波は、雨粒で散乱して一部が戻ってきてレーダーに受信されます。この受信波は、雨粒がレーダーに向かって接近することにより縮められ、周波数が高くなります。これは、救急車が接近するときに音が高くなるのと同じ原理です。反対に、雨雲がレーダーから離れる場合、受信波は引き伸ばされるので周波数が低くなります。このような周波数のずれを検知することで、雨粒がどれだけの速度で動いているのかを測ることができます。

これを台風の風に応用してみましょう（図1・10b）。台風の風は地上近くでは反時計回りに吹いています。そのため図では、レーダーから見たとき、台風の中心より右側ではレーダーから離れる速度が検出され、反対に左側では近づく速度が検出されることになります。もし台風の風が完全に同心円状に吹いているなら、黒い丸で示したところで、レーダーに遠ざかる（または近づく）速度が最大になり、この風速成分を用いると回転速度を得る

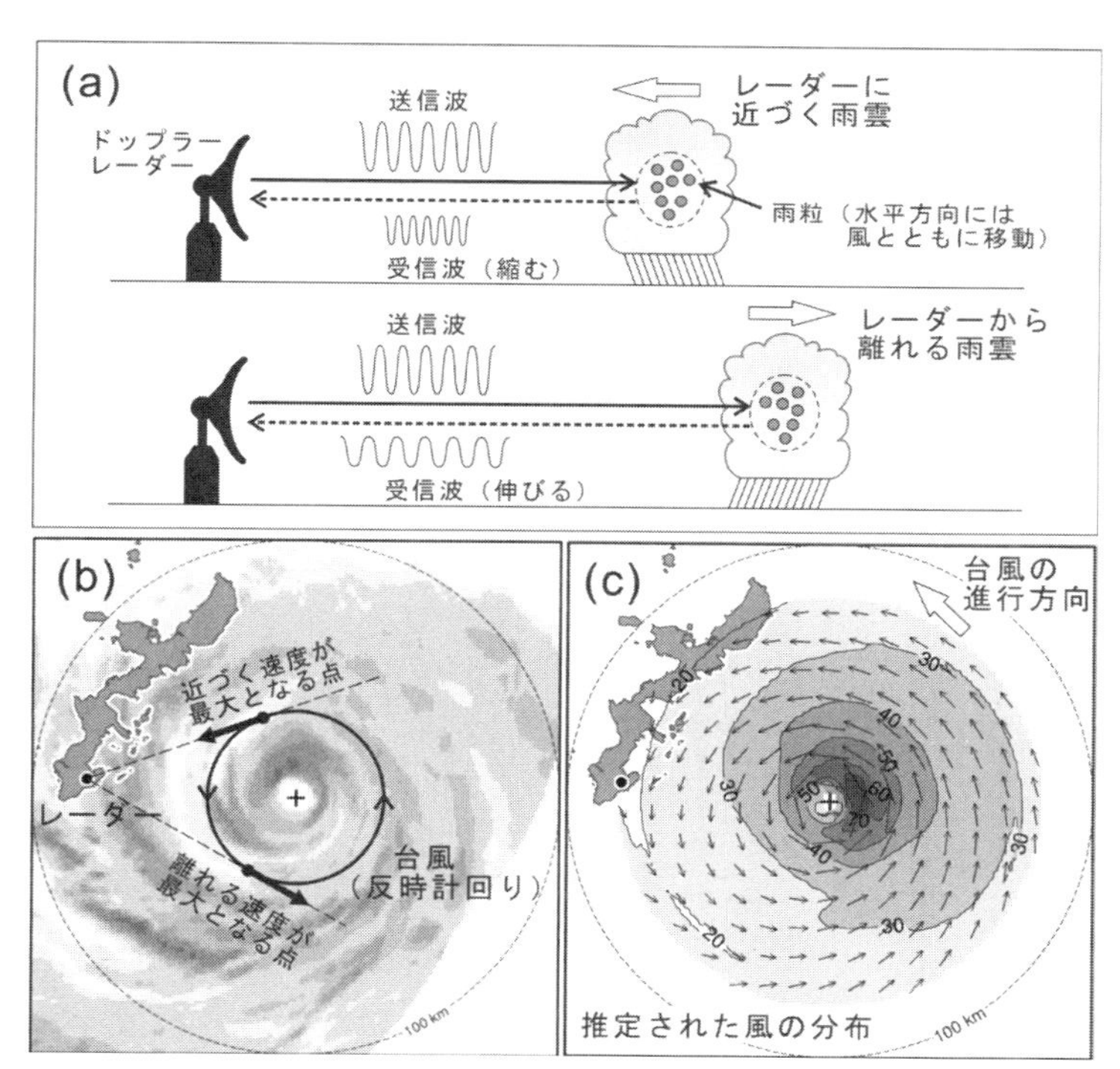

▶**図1・10**　（a）ドップラー効果で風の強さを測る方法と、（b）台風の風の回転成分を推定する方法の模式図。（c）は2010年台風第7号の推定結果。

ことができます。実際には、台風自身の移動が含まれるなどの理由で、完全に同心円にはなっていないので、いくつかの仮定を使って風の強さを推定します。

実際に推定した風の分布が図1・10cです。2010年の台風第7号が沖縄に接近したときのものです。台風の進行方向の右側で風速が毎秒70メートルを超えています。一方、進行方向の左側では最大でも毎秒40メートル程度です。このような非対称性は、台風自身の移動速度によってもたらされます。

風の分布が得られると、「傾度風（けいどふう）」という、風と気圧の平衡状態を仮定することで、中心気圧を求めることもできます。詳細は省きますが、この例ではレーダーを用いた解析で930ヘクトパスカルと推定されました。気象庁のベストトラックでは、このとき960ヘクトパスカルと記録されており、大きな差があります。正解がないので確証を持つことはできませんが、この台風はドボラック法の推定よりも強い状態で沖縄に接近した可能性があります。

この方法はドボラック法と異なり、風の測定値をもとにしているので、信頼性が高いと考えられます。この方法は米国大気研究センターのLee博士が開発し（Lee *et al.* 1999）、そのあと琉球大学と気象庁気象研究所の共同研究により改良されました（Shimada *et al.* 2016）。現在は気象庁において試験が行なわれている段階ですが、近い将来に本格的に使用することが検討されています。レーダーの探知範囲が250キロメートル以内に限られるため、台風が陸に接近する数時間前からしか推定できないという欠点がありますが、航空機観測による検証が行なわれれば、信頼性の高い台風情報の提供に役立つ可能性を秘めています。

1・4 これからの台風観測

現状の観測は十分か?

衛星やレーダーを用いて台風の強さを推定する方法が確立されつつあり、より信頼性の高い台風情報を提供するため、気象庁や海外の気象機関では新しい方法を導入しつつあります。同時に、さらなる精度の向上を目指して研究と開発が進んでいます。では、台風の観測体制はこれで十分といえるでしょうか?

北西太平洋で問題なのは、前述のように直接観測による正解がほとんどなく、解析法の信頼性が十分に保証されていないことです。新しい手法の多くは、航空機による直接観測が継続して行なわれている大西洋や北東太平洋のハリケーンに対して開発され、直接観測をもとに検証が行なわれてきました。これを北西太平洋の台風に適用しても、うまくいくと言い切れるでしょうか? 北西太平洋と大西洋では、熱帯低気圧のエネルギー源である海水の温度や、雲の高さを決める対流圏界面の高さに違いがあります。また、台風が発生・発達する熱帯域において、海陸の分布が異なり、海上の風の分布も大きく異なります。したがって、北西太平洋でも台風の強さの「正解」となる直接観測のデータを取得し、新しい解析法を検証する必要があるでしょう。

衛星・レーダー・航空機を組み合わせた台風の監視

航空機を用いた観測は、1回につき数千万円の費用がかかるため、すべての台風で実行すると年間で数億円でも足りません。費用対効果を考えると、以下の状況に限って実施するのがよいでしょう。

(1) マイクロ波センサを搭載する軌道衛星が台風の上空を通過するとき
(2) 台風の中心がドップラーレーダーの探知範囲である250キロメートル以内に進入するとき
(3) 静止衛星の画像で急速な発達の兆候が見られるとき
(4) アンサンブル予報（詳しくは第5章で解説）のばらつき具合が大きく、数値予報モデルの結果の信頼性が低いとき

このような観測体制を整え、日本だけにとどまらず、台風の上陸による被害を受ける

北西太平洋の他の地域とも連携できるとなお効果的でしょう。じつは北西太平洋では台湾が約15年前から台風の航空機観測（DOTSTARプロジェクト）を行なっています。現在は安全を考慮して中心への進入は行なわず、周回飛行するだけですが、もし気流の急な変化を事前に探知するレーダーが開発され、航空機に搭載されれば、台風の中心に進入してドロップゾンデ観測ができるようになるかもしれません。

また、前述した台風の強度推定ができるレーダーが航空機に搭載すれば、陸上のレーダーの探知範囲よりさらに沖合でレーダーを用いた強度の推定が可能になります。このようなレーダーは日本ではまだ開発されていませんが、高速で観測できる「フェーズドアレイ」というレーダーを航空機に搭載する試みが日本の大学と研究機関の間で始まろうとしています。

1・5 まとめ

この章で述べたことを箇条書きでまとめます。

- 2017年に台風第21号の航空機観測を行なった。目の中に進入してドロップゾンデ観測を行ない、中心の気圧を直接測ることに成功した。

- この観測飛行の目的は、台風の強さの「正解」を得ること。「ドボラック法」には曖昧(あいまい)さが残り、新しい解析法は北西太平洋での検証に乏しく、観測データが求められている。
- 台風の強さを推定するための新しい手法には、軌道衛星のマイクロ波センサを用いるもの、静止衛星の大気追跡風を用いるもの、ドップラーレーダーを用いるものがある。

正確な観測値を得て台風の強度を精度よく推定することは、台風の監視にとどまらず、後の章に出てくる、数値シミュレーションによる台風予報の精度の向上にも貢献します。台風の接近による危険をできるだけ早く察知し、避難などの行動に役立つ情報を提供できるよう、台風の観測と研究・開発を進めていきたいと思います。

謝辞

台風の目への進入など、飛行経路の現場判断に最大限の柔軟性を提供していただいた、ダイヤモンドエアサービス株式会社の皆様に感謝します。また、ドロップゾンデの開発とデータの処理に協力していただいた、明星電気株式会社の皆様に感謝します。航空機観測は、日本学術振興会の科学研究費補助金（16H06311および16H04053）の助成を受けました。

参考文献

1 Harper, B. A., J. D. Kepert, and J. D. Ginger, 2008: Guidelines for converting between various wind averaging periods in tropical cyclone conditions. *World Meteorological Organization Rep.*, 54 pp.

2 Kossin, J. P., K. R. Knapp, D. J. Vimont, R. J. Murnane, and B. A. Harper, 2007: A globally consistent reanalysis of hurricane variability and trends, *Geophysical Research Letters*, 34, L04815, doi:10.1029/2006GL028836.

3 Lee, W., B.J. Jou, P. Chang, and S. Deng, 1999: Tropical cyclone kinematic structure retrieved from single-Doppler radar observations. Part I: Interpretation of Doppler velocity patterns and the GBVTD technique. *Monthly Weather Review.*, 127, 2419–2439.

4 Oyama, R., 2017: Relationship between Tropical Cyclone Intensification and Cloud-Top Outflow Revealed by Upper-Tropospheric Atmospheric Motion Vectors. *Joarnal of Applied Meteorology and Climatology.*, 56, 2801–2819.

5 Shimada, U., M. Sawada, and H. Yamada, 2016: Evaluation of the accuracy and utility of tropical cyclone intensity estimation using single ground-based Doppler radar observations. *Monthly Weather Review*, 144, 1823–1840, https://doi.org/10.1175/MWR-D-15-0254.1

column 1

台風研究者ヤマダに宿る「鉄道オタク」魂

気象の研究を始めて25年、さまざまな土地で気象観測をしてきました。大学院の頃に参加した、冬の日本海にできる雪雲の観測を皮切りに、チベット高原、長江(ちょうこう)流域、太平洋の大海原、ミクロネシアの島々、モルディブなどで観測をしてきました。今は沖縄の「地の利」を生かして台風や雨雲を日々観測しています。節操がないように見えますが、モクモクとわき上がる「積乱雲」を追いかける点で一貫していると自分では思っています。

そんな私が栃木で過ごした少年時代、寝ても覚めても頭から離れなかったのは、積乱雲ではなく2本のレール、つまり鉄道でした。じつは今でも「鉄道オタク」のままで、愛読書が「昭和43年貨物列車時刻表」といえば、病気の度合いを推測してもらえると思います（笑）。

そんな私がさまざまな土地で観測を行なうことになる原点が、中学2年の夏休みに行った「北海道一人旅」にあると思っています。当時の昭和60年、北海道の赤字ローカル線は、JRの前身である国鉄の赤字の元凶とされ、次々と廃止されていきました。中学3年になれば高校受験で、高校に入ったときには路線はない……、「ならば今しかない！」と、旅行の計画を立てました。中学生なので親と先生の承諾が必要です。ユースホステルに泊まる（野宿はしない）など安全面にも気を配り綿密な計画を立て、貯めたお小遣いですべて賄うことで、何とか説得に成功しました。

青函連絡船で北海道に上陸するときの胸

の高鳴りや、茫漠とした原野のなかを走る1両の気動車など、その記憶は今でも薄れません。これを契機に一人で鉄道旅行を繰り返し、大学院の頃はポーランドや中国に残る蒸気機関車を追いかけました。

これらの旅で得たのは「好きなことに向かって計画を立てて行動することの楽しさ」です。よその土地で気象観測を行なうには、入念な事前準備と、さまざまな人との交渉が不可欠で、中2で経験した旅行の準備と似たところがあります。また、じっくり考えて判断したことでもし失敗しても、後悔することはあまりありません。今振り返ると、一見すると役に立たなそうな鉄道趣味にも、その後の生き方に役立つことがあったのかなと思います。今住んでいる沖縄に鉄道がないのが悩みのタネではありますが（笑）。

1996年、ポーランドの軽便鉄道にて。

column 2

沖縄での研究生活　日々是観測也！

私（山田）の研究室は琉球大学の7階の建物の最上階にあり、雲を眺めるには最高の場所です。6月半ばに沖縄の早い梅雨が明けると熱帯の空気が沖縄を取り囲み、青空に向かってモクモクと上空に伸びゆく積乱雲が毎日のように眺められるようになります。

この雲は、沖縄の方言で「カタブイ（方降り）」という、局所的に強い雨をもたらすのが特徴です。それがやってきて「ザー」と雨が降り出すと、仕事そっちのけで窓の外を眺め、気象レーダーの画像や、屋上に設置している気象観測機器のデータを見つめてしまいます。

このような雲の発生を事前に予測するのはとても難しく、沖縄とその南の熱帯地域における天気予報の課題として残っています。「積乱雲の発生を決めるのは何か？」、そんなことを日々考えながら、沖縄の気象を楽しんでいます。日々の天気のことは、授業の合間の小ネタとしても最適です。

沖縄で欠かせないもうひとつの大気現象が「台風」です。沖縄本島に台風が接近し、沖縄気象台が暴風警報を発表すると、学校は直ちに休みとなり、路線バスの運行が止まると会社や役所もほぼ休業になります。

私はというと、このようなときはラジオゾンデ観測を行なうため、学生とともに恩納（おんな）村の研究施設に向かいます。気温・気圧・湿度・風などを計測するセンサを気球に取り付け、台風の中の状態を調べるのです。

風が強すぎると気球が上昇しないので、雨と風が弱まる一瞬のすきをみて打ち上げます。気球が割れて失敗することもありますが、うまく打ち上がったときの喜びはひとしおです。気球の表面から飛び散るラテックスの粉にまみれ、雨にずぶ濡れになりながら、学生と喜びを分かち合っています。

大学では週に1回、「ウェザーブリーフィング」という会合を開いています。これは、日々の天気の概況と今後の予報について、気象の研究室にいる主に3・4年次の学生に報告してもらうものです。天気図や衛星画像、レーダーに客観解析のデータなど、さまざまなデータを使って大気現象の特徴を報告してもらいます。大雨や突風の後の担当者は大変ですが、気象データに向き合って「観る目を養う」訓練になり、4

ラジオゾンデを使った授業の一コマ。

年次の卒業研究に向けての準備運動になっていると思います。

　また、教員たち（私と第４章の伊藤さん）の興味のおもむくままにくり出される質問に、四苦八苦しながら受け答えをくり返すことで、プレゼンテーションの技術向上にもつながっているようです。

　このように、熱帯性の大気現象を肌身で感じながら研究と教育を行なえるのが、琉球大学のよいところだと思っています。

第2章 台風発生のトリガーに迫る！

——台風の「生まれつき」？

筆保弘徳

２０１３年に出版した、シリーズ第1弾『天気と気象についてわかっていることいないこと』（筆保ほか　２０１３）の第2章「台風の研究」では、台風発生をテーマに当時の最新研究を取り上げて、台風のタマゴから台風構造に組織化されるメカニズムを紹介しました。

本章では、前回は簡単な紹介にとどまっていた、台風発生のトリガー（引金）となる「大規模な大気現象」にフォーカスします。台風発生をもたらす最初のトリガーは、数千キロメートルの範囲で吹く大規模な風です。この章では大まかに見た「流れ」と呼びます。

台風発生をもたらすこの流れについては古くから研究が続けられていますが、近年、精度のよい気象データと画期的な分類手法の開発により、台風発生をもたらすまでの真の姿が見えてきました。流れは台風を生んで育てる親のような存在であり、さらには、まるで人間と同じように、その親の影響を受けて台風自体にも「生まれつき」と呼べるような強烈な個性があることがわかりました。

本章では、台風の定義と世界中の台風発生分布を俯瞰（ふかん）した後、台風発生をもたらすトリガーに関する近年の研究を紹介します。

2・1 世界中の海で発生する台風

台風の定義

そもそも「台風」とはどんな現象なのでしょうか？　第1章ですでに台風の話をしてきましたが、あらためてその定義をきちんと確認しましょう。

気象庁は台風を、「北西太平洋に存在する熱帯低気圧のうち、低気圧域内の最大風速が毎秒およそ17メートル以上の熱帯低気圧」と定義しています。北西太平洋とは、赤道より北で（つまり北半球）、西の端は東経100度、そして東の端は東経180度となります（図2・1）。熱帯低気圧とは、中緯度に発生する温帯低気圧に対比して、熱帯や亜熱帯域で発生する低気圧の総称です。

ここで注目したいのは、台風を定義するのに「風速」という風の強さを用いているところです。台風が近づいてくると、「中心気圧940ヘクトパスカルの強い台風が近づいてきます」とニュースで流れるように、日本では中心気圧の低さで台風の強さを表現することが多いのです。しかしアメリカでは「風速100ノットの強いハリケーンが近づいてきます」とニュースで流れるように、風の強さで台風の強さを表現しています（1

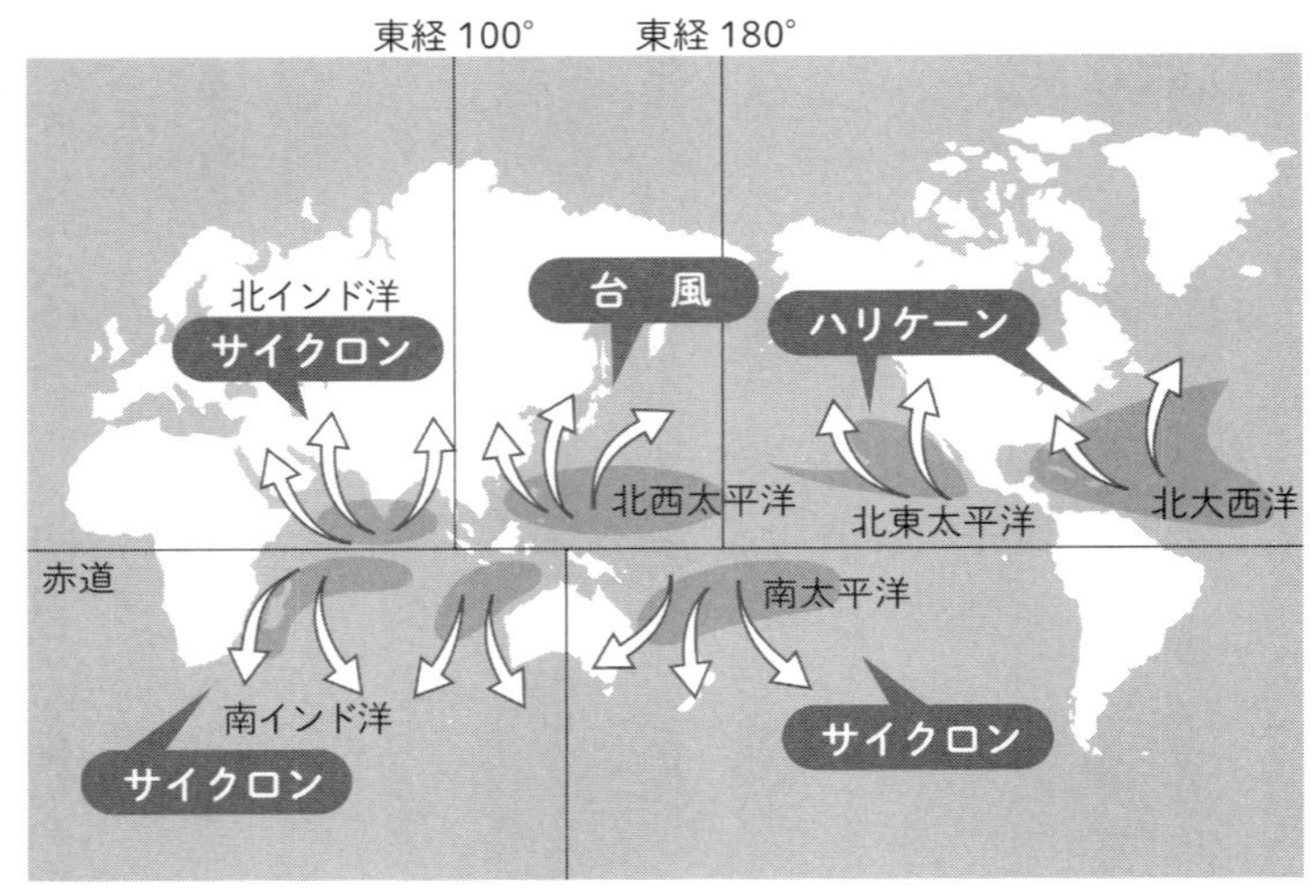

▶**図2・1**　世界の海域と台風・ハリケーン・サイクロン。

ノットは約0・5メートル毎秒）。中心気圧主義の我々は風速を使うことに違和感がありますが、台風に伴う暴風が各地で被害を及ぼしていることを考えれば、中心気圧よりも、風の強さのほうが防災上は重要なのです（注1）。

ところで、例に挙げたアメリカを襲うハリケーンは、日本を襲う台風と同じ現象なのでしょうか？　その答えは、イエスでありノーでもあります。大まかにいえば、地域によって呼び方が違うだけで、台風もハリケーンも熱帯低気圧です。図2・1のように、北大西洋や北東太平洋で発生した熱帯低気圧はハリケーンです。同じ熱帯低気圧で

▶**表2・1**　熱帯低気圧の分類

風速	北西太平洋（気象庁）	北東太平洋・北大西洋（アメリカ気象機関）
〜16 m/s	熱帯低気圧	トロピカルディプレッション
17〜31 m/s	台風	トロピカルストーム
32 m/s〜		ハリケーン

も、海域が違えばそれぞれ呼び名が違うだけで、その正体は同じ熱帯低気圧です。

一方のノーという答えも正しいのです。表2・1は、世界の海域における強度（風力、または最大風速）ごとに分けた熱帯低気圧の名称です。前述のように、気象庁では風速毎秒17メートルを境に、それ未満を「熱帯低気圧」、それ以上になると「台風」と呼び方が変わります。北東太平洋や北大西洋では、気象庁の定義の約2倍となる風速毎秒32メートルを境に、それ未満を「トロピカルストーム」、それ以上になるとすべて「ハリケーン」とよびます。同じように扱われる台風とハリケーンも、正確な定義を見ると、そのしきい値が違うのです（詳細は、筆保ほか 2014）。

世界中の台風発生数

世界中での台風相当の熱帯低気圧の発生数は、年間で平均約80個。そのうち北西太平洋での発生数は25個程度で、全世界の約30%を占めています（注2）。北西太平洋は、地球上のどの海域よりも発生数が多い、台風最多海域となっています。シリーズ第1弾『天気と気象についてわかっていることいないこと』（筆保ほか2013）の第2章では、北西太平洋が台風の産地となる原因は、高い海面水温の領域が広域に広がっているからであると説明しました。

じつはそれだけでは、北西太平洋が台風の産地となる理由の正しい答えとはいえません。高い海面水温が続く夏でも、毎日毎日その海上で台風が発生しているわけではないからです。つまり、高い海面水温をもつ海域は台風発生に必要な条件ではありますが、台風発生にはその条件に加えて、渦を巻くためのトリガーが必要になります。

2・2 台風発生のトリガー

台風発生ストーリー ―― 台風タマゴ

まずは台風の発生までの道のりに注目しましょう。（図2・2）は、台風の発生ストーリー

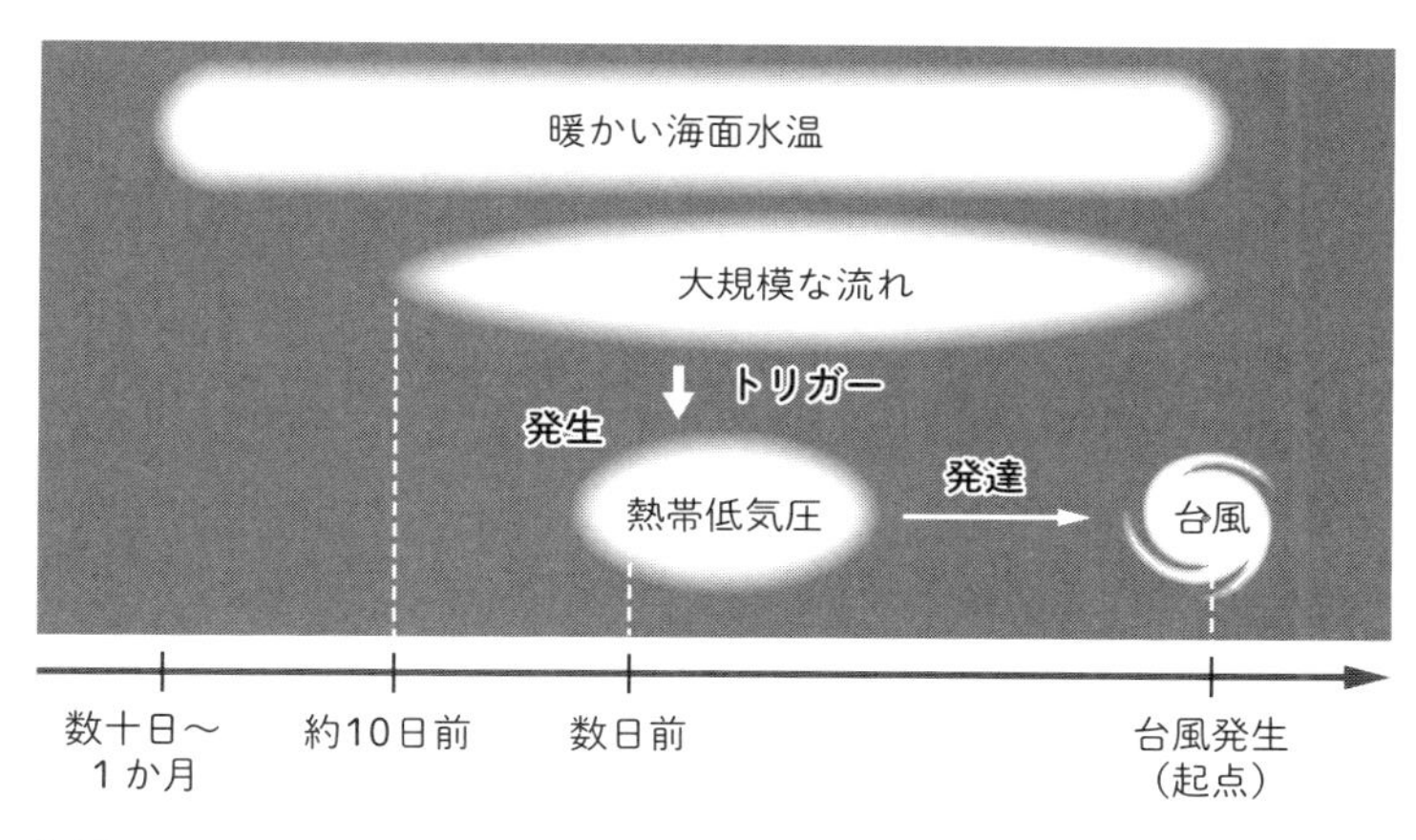

▶**図2・2**　台風発生ストーリー。横軸が時間で、台風発生を起点として左に向かって時間をさかのぼる。

を描いています。横軸は時間軸で、右端を台風発生のとき（起点）として、左側へ向かって時間をさかのぼります。気象庁から「日本の南海上で台風第X号が発生しました」と発表があった場合、その時間はこの図2・2の起点になります。

しかし台風発生のそのとき、それまで海の上でなにも活発に渦巻いていなかったところに、突如、空気が渦を巻いて台風となるわけではありません。台風発生より数日前に熱帯低気圧が発生して、それがどんどん発達して風速毎秒17ｍメートルを超えると台風発生となります。そうなると、このまだ弱い熱帯低気圧の発生こそが台風発生をみちびく最初の渦巻きであり、いわば「台風タマゴ」となるわけです。

台風タマゴの生みの親

図2・2の台風発生ストーリーでは、台風発生よりもさらに10日以上前までさかのぼると、熱帯低気圧を発生させるトリガーが存在することを示しています。それは、その背景にある大規模な「流れ」です。この大規模な流れが台風タマゴを生んで育てる、いわば「台風の親」となるわけです。

そして、熱帯低気圧を発生させる大規模な流れにはだいたい決まったパターンがあることが知られており、古くから研究者（Ritchie and Holland 1999など）や、気象庁で毎日の予報業務をされている予報官（野中 2005）により認識されてきました。これまでのいくつかの研究結果をまとめると、北西太平洋における台風タマゴを生み出す大規模な流れは、図2・3のように5パターンに分類されます。

1つめのパターンは、「シアラインパターン」です（図2・3a）。初夏になると、北西太平洋の海域では、インド洋や南半球から南西～西よりの大規模な季節風（モンスーン）が吹きはじめます。これを「モンスーン西風」とよびます。「モンスーントラフ」という言葉を耳にしたことがあるかもしれませんが、モンスーントラフは夏季に太平洋西部で発生する、西から東へ張り出した大規模な低圧部（周囲に比べて気圧が低いところ）であり、それに伴ってモンスーン西風が吹きます。もともと太平洋の熱帯域・亜熱帯海域は、北東太平洋から続く偏東風や、太平洋高気圧の南側の東風が頻繁に発生するところですが、そこに大規模なモンスーン西風が吹けば、南側に西風、その北側に東風という、南北方向に東風と西風が逆転するラインができます（注3）。このラインを「シアライン」とよびます。このシアライン付近では、時計と逆回り（低気圧性）の渦巻きができて、いくつかは熱帯低気圧に発達します。つまり、大規模なシアラインが生みの親で、その中で発生する小規模な熱帯低気圧が台風タマゴです。

ほかの2つもモンスーンが関係した流れのパターンです。モンスーン西風と偏東風がぶつかったところを「合流域」と呼びます（図2・3b）。風が集まる場所では雲が発生しやすくなりますが、その合流域でも雲が発生しやすく、雲のかたまりから熱帯低気圧が誕生します。モンスーントラフがいつもよりも発達するときには、「モンスーンジャイア」と呼ばれる大規模な渦の現象が発生します（図2・3c）。そのモンスーンジャイア域では渦巻きが発生しやすく、いくつかは熱帯低気圧になります。前者を「合流域パターン」、後者を「モンスーンジャイアパターン」とよびます。

残り2つは、モンスーンとは深い関係がないパターンです。太平洋の赤道付近では、一年を通して、東から西に向かって吹く偏東風が存在します。帆船時代には、大陸の国々を結ぶ貿易に用いられてきたために「貿易風」ともよばれていました。ある条件がそろうと、帯状に発生していた偏東風の領域は蛇のように南北に蛇行しだし、「偏東風波動」とよばれる流れパターンになります。この偏東風波動の蛇行しているところには、高気圧性の渦（時計回り）と低気圧性の渦（時計と逆回り）が交互に発生していて、低気圧性の渦の一部は熱帯低気圧となります（図2・3d）。この流れを「偏東風波動パターン」とよびます。

5つ目はちょっと特殊な「既存台風パターン」です。周囲の環境の条件が整えば、すでに存在している台風の南東側に高気圧性の渦ができて、さらにその渦の南東側に低気圧性の渦ができます（図2・3e）。低気圧性の渦はやがて熱帯低気圧となり、台風が発生します。まさに、台風が台風を生むという、とても面白い現象が起きます。

このように、北西太平洋では、台風タマゴを生み出す流れは、シアラインパターン、合流域パターン、モンスーンジャイアパターン、偏東風波動パターン、既存台風パターンと5パターンあります。この5パターンの台風の親は単独で起きる場合もありますが、同時に発生して影響し合うこともあります。そして台風タマゴを形成して育て上げて、台風発生となる機会をつくっているわけです。海面水温が高くても台風が発生しないこと

(a) シアラインパターン

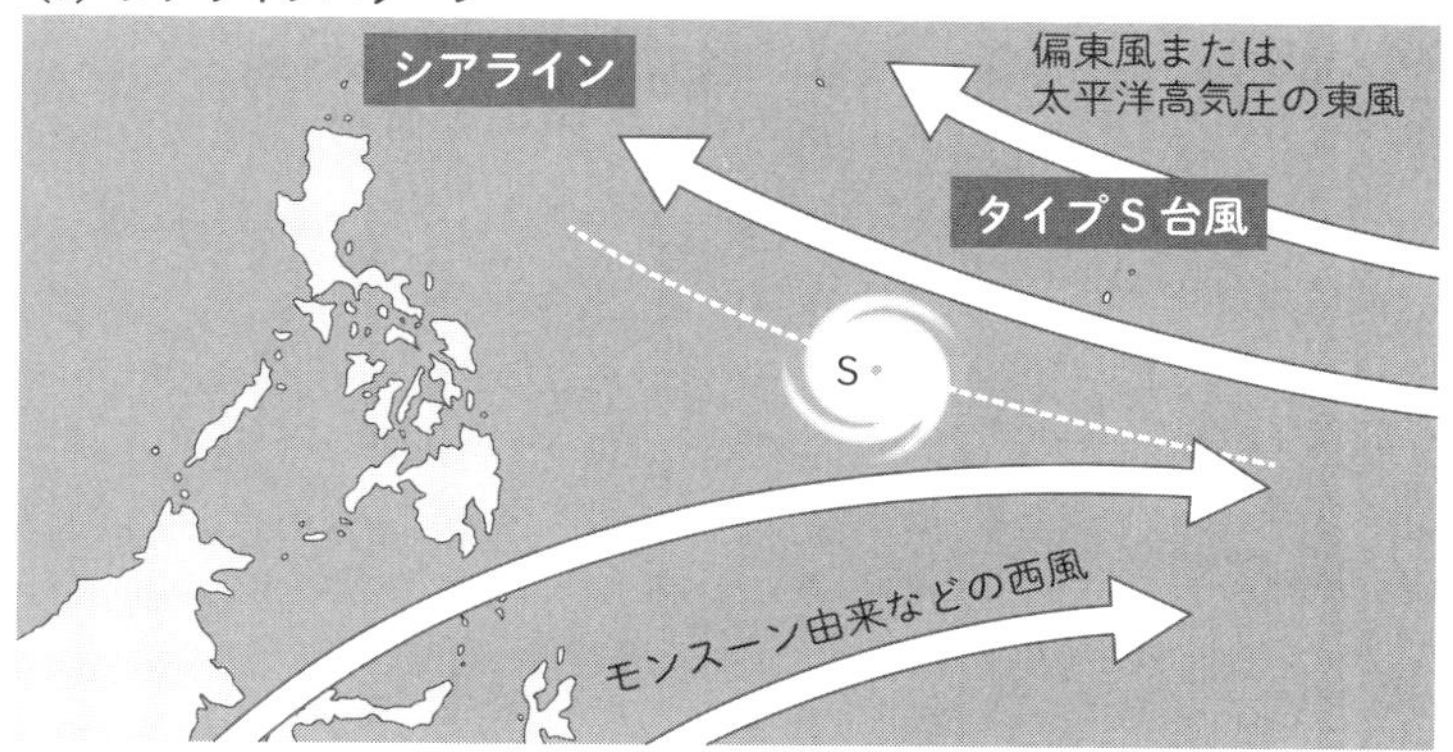

(b) 合流域パターン

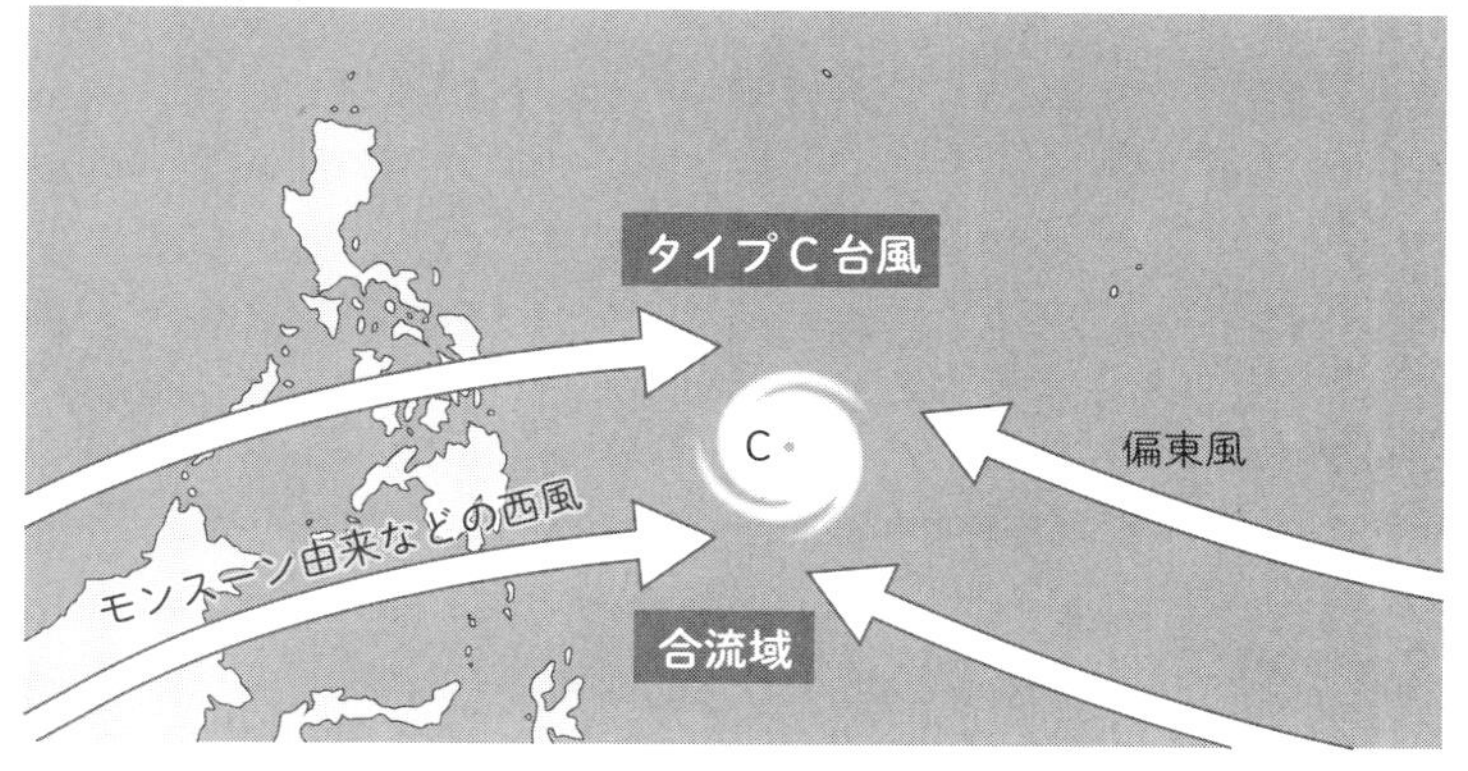

▶**図2・3**　台風発生をもたらす大規模な流れの5パターンの模式図。(a) シアラインパターンで発生するタイプS台風、(b) 合流域パターンで発生するタイプC台風、(c) モンスーンジャイアパターンで発生するタイプG台風、(d) 偏東風波動パターンで発生するタイプE台風、(e) 既存台風パターンで発生するタイプP台風。

（c）モンスーンジャイアパターン

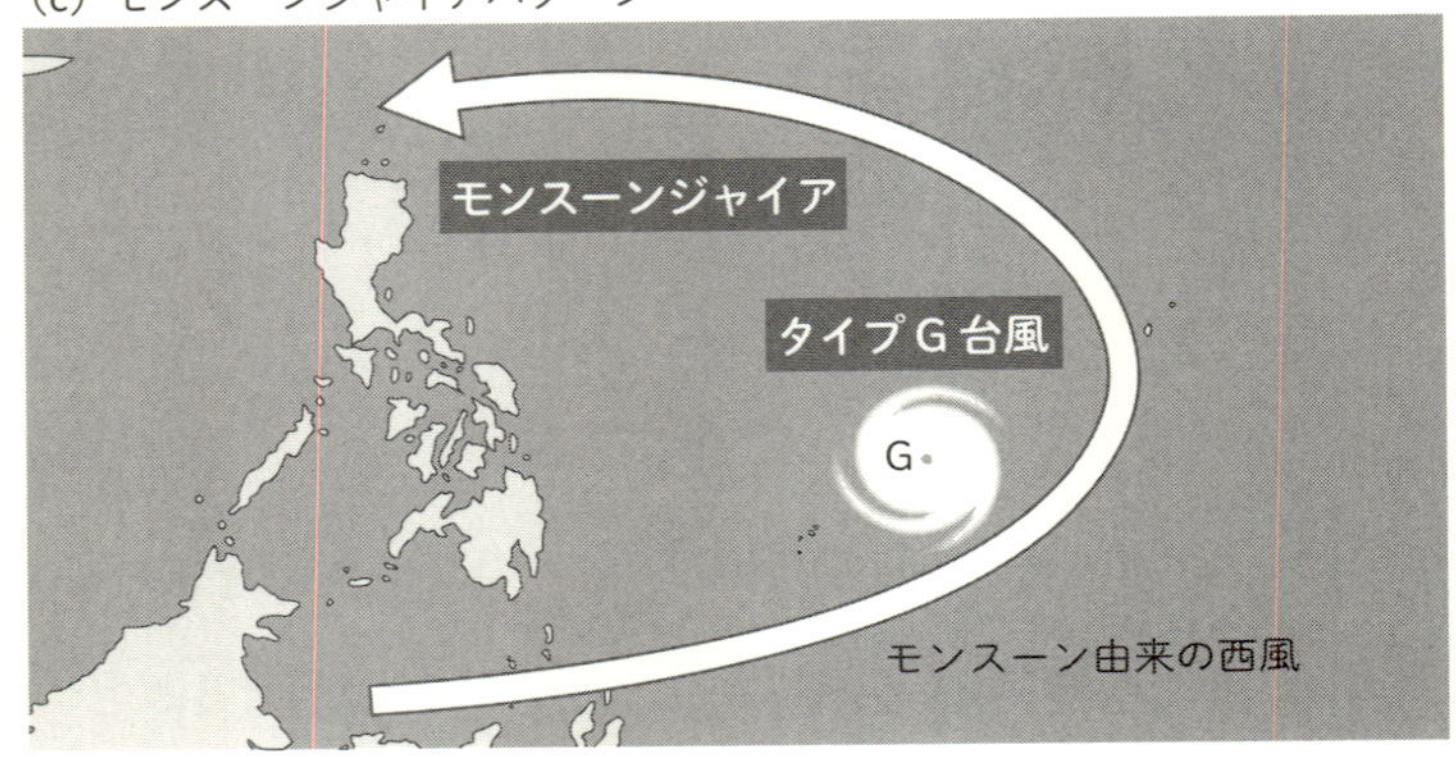

（d）偏東風波動パターン

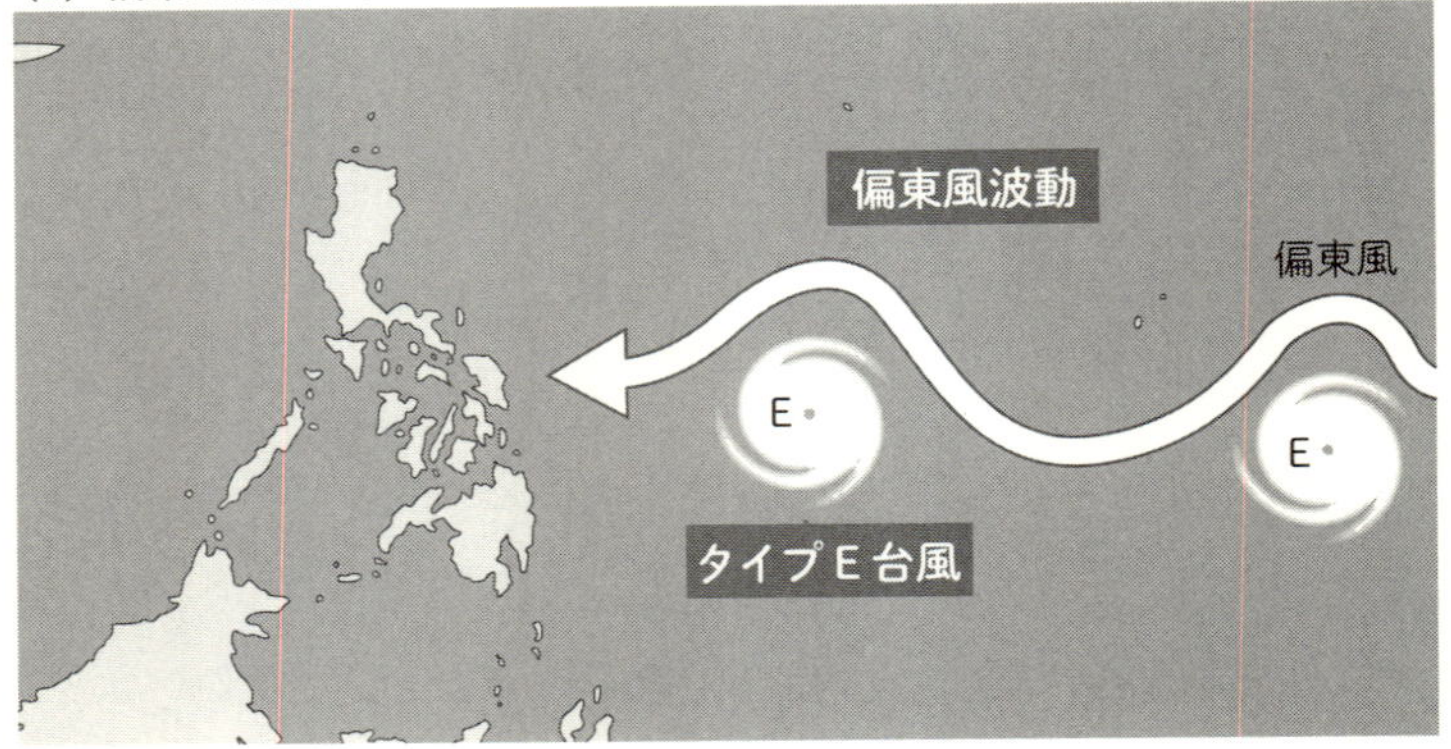

（e）既存台風パターン

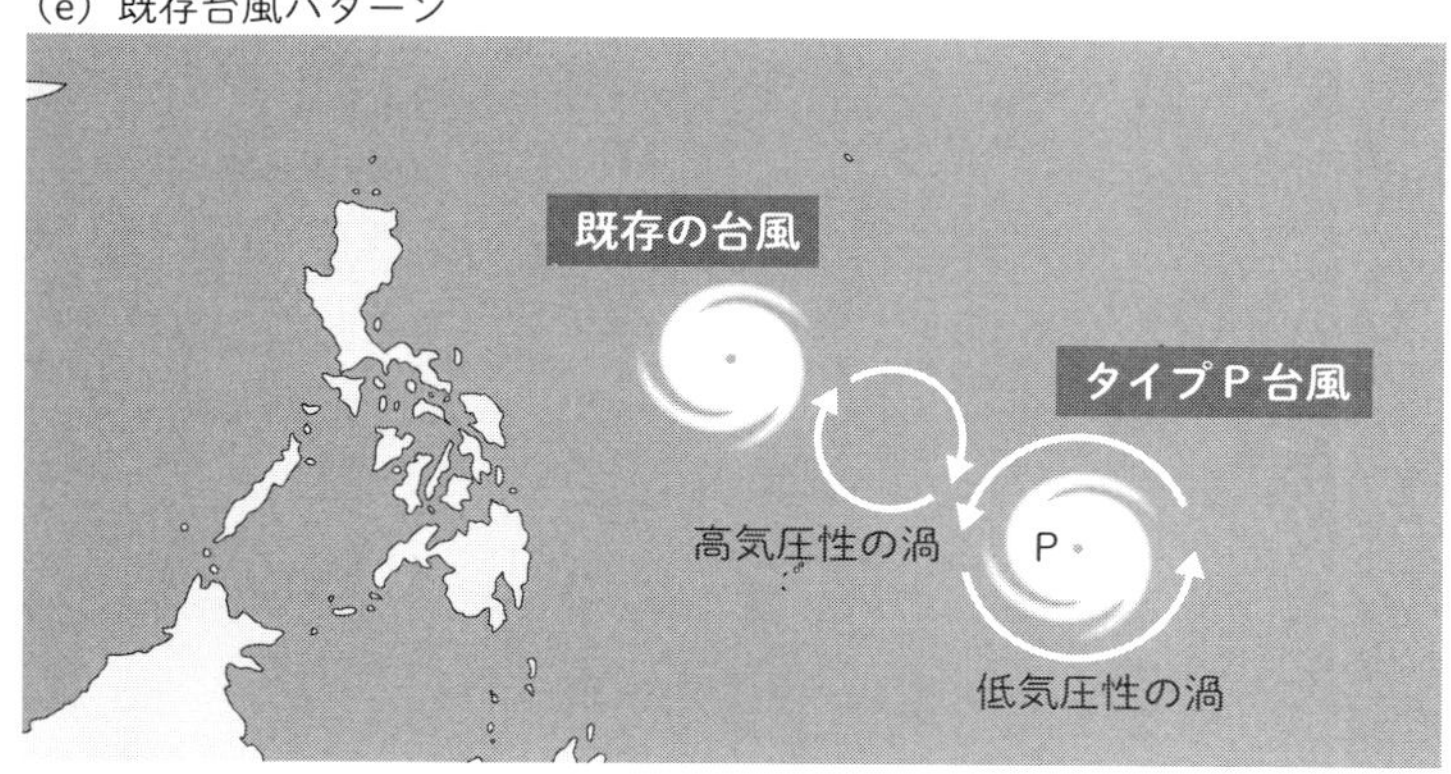

があるのは、どの種類の親も登場していないときだと考えられます。

この台風タマゴを生む親が存在することを知ると、北西太平洋が台風多発地帯となる謎が解けます。他の海域では、台風タマゴを生み出す流れのパターンは、北西太平洋ほど多くありません（詳しくは、筆保2013）。つまり、北西太平洋では、暖かい海水領域が広域に広がっていることに加え、多種にわたる台風の親が存在していて、台風タマゴを生み出す機会を量産していることこそが、北西太平洋が台風の産地となる原因です。

2・3 流れパターンがもたらす台風の特徴

マジョリティー台風とマイノリティー台風

日本に近づいてくる台風の姿をじっくり観察すると、みな同じではなく、それぞれ特徴があります。強い台風、大きい台風、中心の穴（台風の目）が大きい台風、急速に発達しやすい台風、速く動く台風、日本に接近しやすい台風などなど……、人間と同じように、台風にも強烈な個性があるわけです。そのような台風の個性が、生みの親の影響を受けて、台風発生時から決まっているとしたら？

そのような突飛な仮説を証明した近年の研究を紹介しましょう。筆保・吉田の研究（Fudeyasu and Yoshida 2018）では、前節の台風発生を導く大規模な流れの5パターンを決定する手法（Yoshida and Ishikawa 2013）を用いて、1979年から2013年までの35年間の台風、合計約900個の、発生時の大規模な流れの5パターンを調べました。そして、それぞれのパターンで発生した台風がもつ特徴が、他のパターンの台風と比較して違いがあることを突き止めました。

その研究結果を紹介する前に、流れパターンで生まれる台風の呼び方を整理しておき

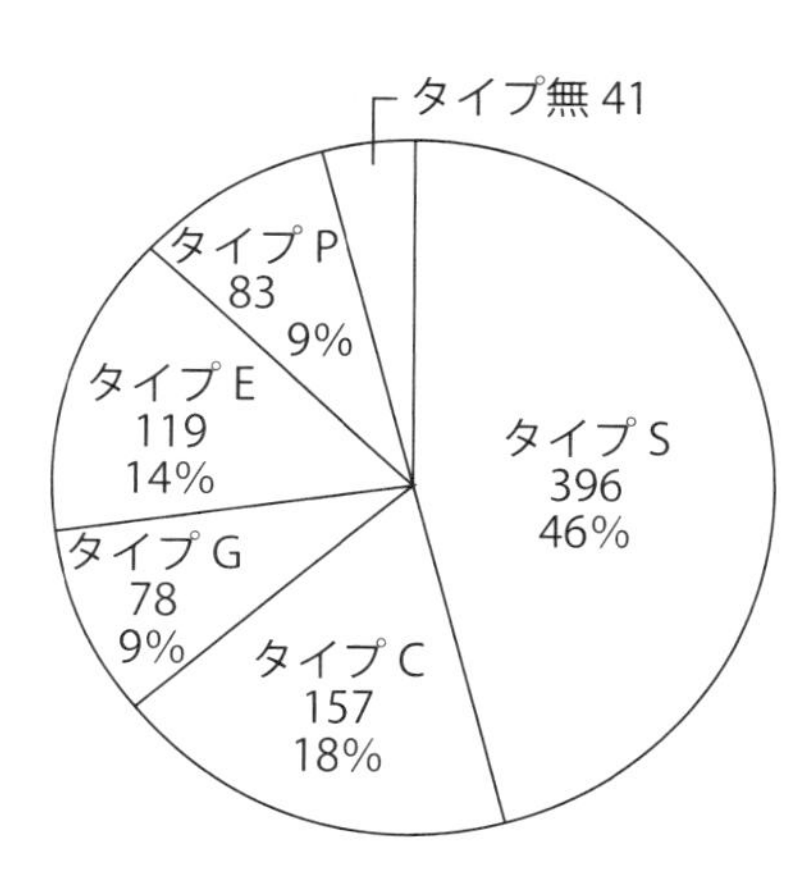

▶**図2・4**　台風のタイプ別発生数。

ましょう。シアラインパターンの中で発生する台風をタイプSと呼ぶことにします。同様に合流域パターンをタイプC、モンスーンジャイアパターンをタイプG、偏東風波動パターンをタイプE、既存台風パターンをタイプPとします。人間の血液型に似ていますよね。

まず、タイプ別の発生数で比較すると（図2・4）、タイプSが約400個で、全体の46％と一番多いタイプです。続いてタイプCとタイプEが約20～15％と続き、タイプGとタイプPが約10％となります。もし年間で台風が30個発生したとすると、タイプSはおよそ14個、タイプCとタイプEが5個、タイプGとタイプPが3個程度となります。

もともとシアラインパターンは一年中広域で発生するので（注3）、その周辺で発生する台風も多くなります。タイプSがいわばマジョリティーのタイプです。その逆に、めったに発生しないモンスーンジャイアパターンの影響を受けるタイプGと、既存の台風がいるときにしか発生機会がないタイプPがマイノリティーです。

台風にも「生まれつき」があった?!

タイプ別の台風の特徴を紹介しましょう（図2・5）（注4）。

（特徴1）タイプ別に台風発生時の強度と横方向の大きさ（サイズ）を比べました。台風発生時の強さでは差がありません。すべての台風が風速毎秒17メートルの強度をもっているときだからです。一方、台風のサイズには差があります。台風のサイズは、平均風速が毎秒15メートルとなる半径に着目して、台風の渦巻きが水平方向にどの程度広がっているかで表します（19ページ参照）。人間に例えると、いわば体格で、太っていたり痩せていたりすることに相当します。発生時にはモンスーンジャイアの影響を受けたタイプGは太っている傾向があり、合流域パターンのタイプCと偏東風波動パターンのタイプ

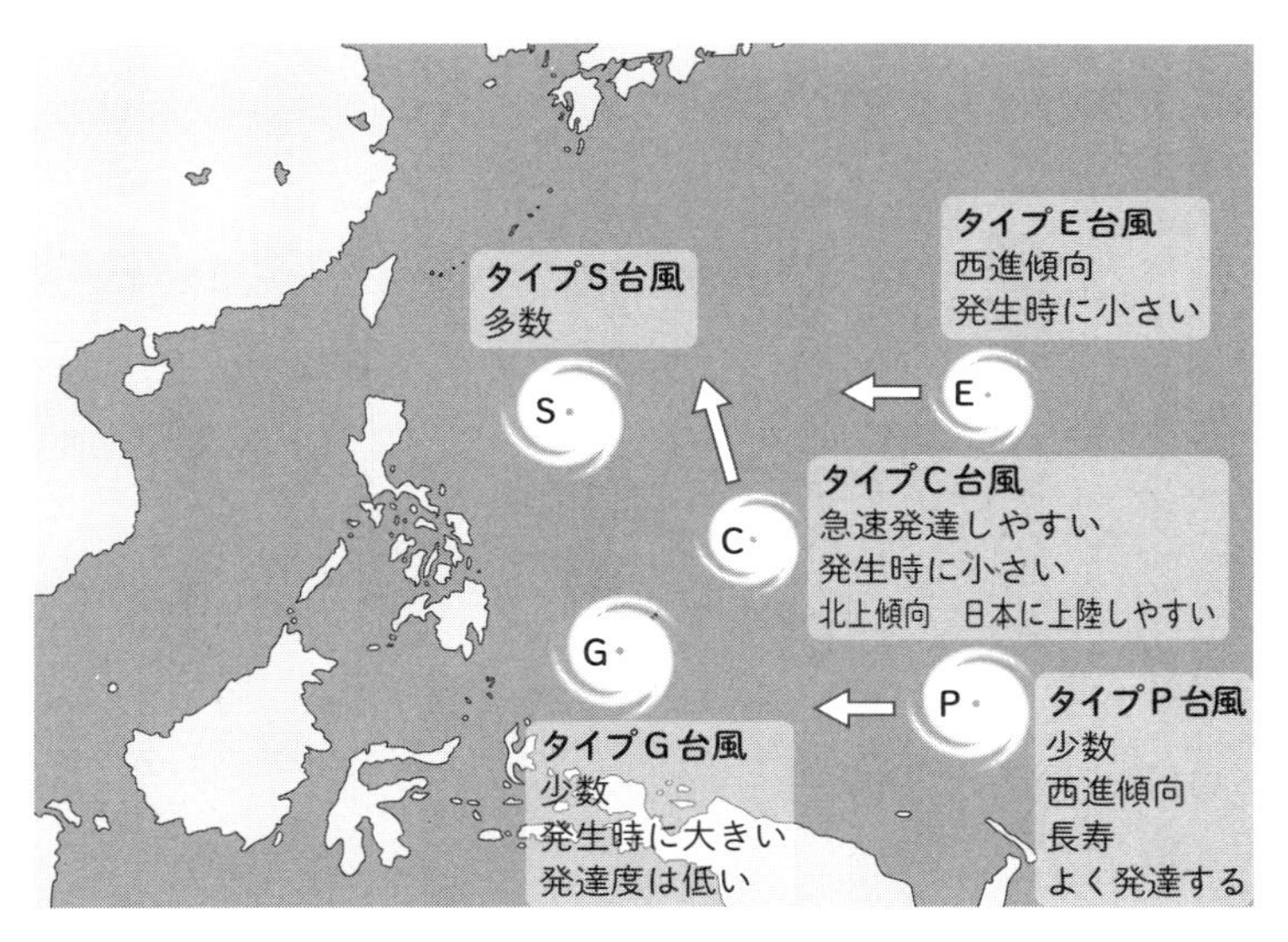

▶図2･5　台風タイプ別の特徴。

Eでは痩せている傾向にあります。

（特徴2）それぞれの台風で強度が一番強いときの成熟期では、どのタイプで見ても台風サイズの差はなくなります。生まれたときに太っていても、大人になるとその傾向は変わるようです。一方、成熟期における台風の強度には差がありました。タイプPは、他のタイプと比べて強度が強くなる傾向にあります。

（特徴3）タイプCは発生時から急激に発達する傾向があります。急速発達（第3章参照）という現象を起こしやすいのです。その逆に、タイプGの発達はゆっくりです。台風強度は

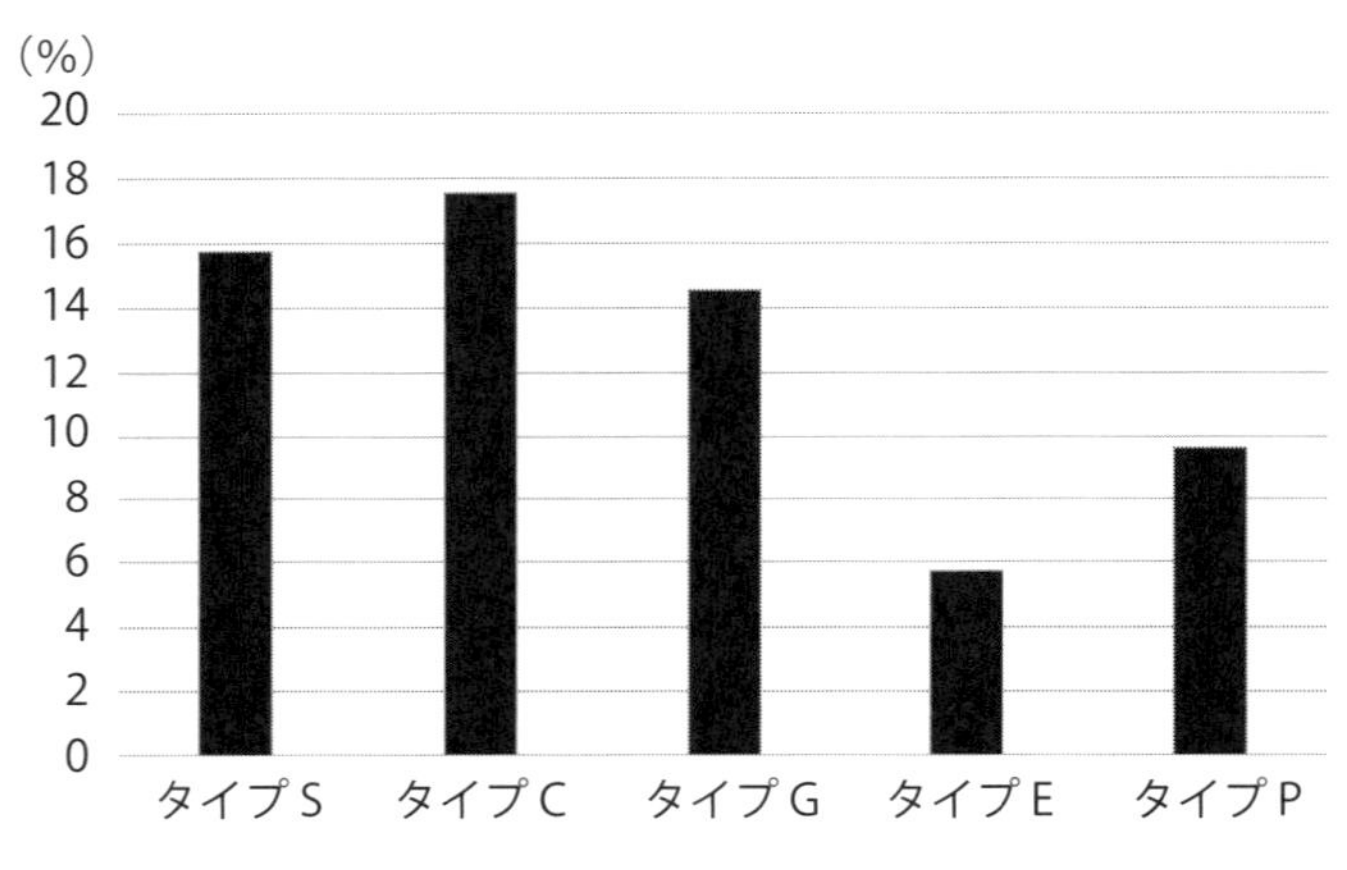

▶図2・6　台風タイプ別の日本上陸数の割合。

発生時の弱いままで、なかなか発達しません。

（特徴4）台風発生時から衰弱時までの寿命で比べた場合、タイプＰ（約7日）は他のタイプ（約5日）よりも寿命が長い傾向があります。

（特徴5）発生時の移動方向は、合流域で発生したタイプＣは北上しやすく、反対に偏東風波動に乗って動くタイプＥや、既存の台風の南東側で発生するタイプＰは西に進む傾向があります。

（特徴6）台風がどの国に上陸しやすいのかタイプ別で比較したところ、上陸する国によって差がありました。図2・6は、タイプ別に分けた日本に上陸する台風の割合です。実際の上陸数で比べると、発生数がもともと多いタイプＳが上陸数も多くなりますが、ここでは上陸のしやすさを調べているので、それぞれのタイプのなかでどれくらいの割合が日本に上陸しているかを示しています。日本上陸の場合、タイプCが約18％で日本に一番上陸しやすく、タイプSが続きます。一方、タイプE（約6％）やタイプP（約10％）は日本に上陸しにくいタイプです。

台風が「生まれつきの特徴」をもつ理由

以上のように、発生時に影響を受けた流れパターンによって、台風の特徴が決まってきます。これはまるで、親の影響を受けて生まれもった「生まれつき」です。でもなぜ、人間と同じように台風も生まれつきの特徴をもつのでしょうか？

図2・2で示したように、台風発生までには熱帯低気圧になってから数日以上と、比較的長い日数がかかります。この台風発生期間を人間の一生に例えると、生まれてから親の保護を受けてきている期間となり、人間でいえば0歳から20歳前後までといってよいでしょう。台風発生までのとても長い間、特定の流れパターンの影響を受け続けていれば、発生・発達する台風もパターンごとに違ってきてもおかしくはありません。台風誕生までどういった親のもとで育つか、それが台風ひとつひとつに個性をもたせるわけです。

タイプPの成熟時の強度は、他のタイプよりも強く、さらに寿命も長い傾向にあります。これは、タイプPの発生場所も原因になります。タイプPは、既存の台風の南東側で発生するので、結果的にその発生場所は南東よりの海上です。つまり、アジア大陸から離れた太平洋の中央域でタイプPの台風は発生し、他のタイプよりも長い間暖かい海上にいるので、どんどん発達するし、寿命も長くなるというわけです。もしも台風の世界で強度が強いほど優秀と称えられるならば、タイプPはエリート集団と言えるでしょう。

2・4 台風発生研究の今後の課題

ほかにも台風の生みの親はいるのか？

ここまで、5つの大規模な流れパターンが台風の発生をもたらしていると紹介してきました。しかし、図2・4で示すように、どの流れパターンにもあてはまらない台風の発生事例も、わずか5％ですが見つかっています。さらにこの5つの流れパターンは、いずれも大気下層で起こっているものですが、台風発生をもたらす流れは、その上層にもあるのではないかという、上空の親の存在を指摘する研究もあります。例えば、上層寒冷渦（Upper Cold Low; UCL）がそのひとつです（Sadler 1976や坂本2006など）。UCLは大気上空に寒気をもった低気圧であり、その下層に強い渦巻きがあるわけではありません。しかし、UCLの南〜南東側は台風発生の好条件をもたらしています。

一方で、UCLが周囲に存在すると渦巻きが発生しやすくなるものの、そのときも前節で示した大気下層の流れパターンが存在していて、やはり、直接的な台風タマゴの誕生をもたらすのは大気下層のパターンに限られると反論している研究（Holland 2008など）もあります。下層に親がいなくても上層に親がいれば台風タマゴが生まれるのかどうか、その議論はまだ決着がついていません。

台風タイプが加わる？　未来の天気予報

台風タイプ別の統計的研究により、発生プロセス中の周囲の環境の影響を受けて、台風には生まれつきの特徴があることがわかりました。もしも、日々の風の状態がわかるデータを用いて、台風が発生するたびにそのパターンやタイプが分類できれば、台風発生時から統計的な情報を付加することができます。

例えば、台風発生時に、モンスーン西風と偏東風がぶつかる合流域パターンでタイプCの台風が発生したとわかれば、他のタイプと比べて統計上、タイプCは日本に接近しやすい傾向があり、さらに発生時から急速に発達する確率が高いことがわかっているため、日本にいる我々はいつもよりも注視しなければなりません。

このように、台風発生時からも得られる追加情報は、防災上とても有益となりえます。未来の天気予報では、「日本の南の海上で○○タイプの台風第X号が発生しました。○○タイプの台風は△△という特徴があるので、十分に警戒してください」と伝えているだろうと期待しています。

2・5 まとめ

本章では、台風発生のトリガーとなる大規模な流れに注目してきました。以下にこの章で述べたことをまとめます。

● 台風の定義は、「北西太平洋に存在する熱帯低気圧のうち、低気圧域内の最大風速が毎秒およそ17メートル以上の熱帯低気圧」です。
● 世界中の台風相当の熱帯低気圧の発生数は、年間で平均約80個。そのうち北西太平洋での発生数は25個程度で、全世界の約30%を占めています。
● 台風発生をもたらす最初のトリガーは、大規模な風である「流れ」です。北西太平洋では主にシアラインパターン、合流域パターン、モンスーンジャイアパターン、偏東風波動パターン、既存台風パターンの5パターンがあります。
● 台風のなかで、シアラインパターンで発生するタイプSが、一番多いマジョリティー台風です（図2・4）。続いてタイプCとタイプEが続き、タイプGとタイプPがマイノリティー台風になります。
● 台風の特徴を比べると、それぞれのタイプで差があります（その特徴は、図2・5にまとめています）。
● 日本に上陸しやすいタイプは、合流域パターンで発生するタイプCが一番で、タイプSが続きます。一方、タイプEやタイプPが日本に上陸しにくい台風です（図2・6）。日本が最も警戒すべきは、合流域パターンで発生するタイプCの台風です。

注1　台風の低い中心気圧と強風は比例関係にあるかと言えば、必ずしもそうではありません。

注2　第5章で説明があるように、気象庁は風速に10分平均値、アメリカの気象機関は1分平均値を用いています。今回の統計値にはその平均時間の取り方の影響は考慮していません。

注3　モンスーンの活動が弱いときや冬季でも、シアラインが形成されることがあります。

注4　タイプ別の発生数は季節により変わります。その季節の違いの影響を除くために、全タイプが発生する6月から11月に発生した台風に限定して調べています。

注5　（独）科学技術振興機構の支援を受けて、横浜国立大学と神奈川県下の教育委員会（神奈川県、横浜市、川崎市、相模原市）と神奈川県立青少年センターが連携して行なわれた養成プログラムにより認定された、地域の理科教育の中心的役割を担うことのできる理科教員「コア・サイエンス・ティーチャー」です。津元澄先生は、当時は小田原市立片浦小学校、現在は小田原市立大窪小学校で空観測の取り組みを行なっています。

謝辞

本研究は気象庁予報部の方々、文部科学省統合的気候モデル高度化研究プログラム、名古屋大学IPC計算科学連携研究プロジェクト、京都大学防災研究所共同研究（29K－04、29G－05）、日本学術振興会科学研究費助（17H02956）の支援を受けました。

参考文献

1 Ritchie, E. A. and G. J. Holland, 1999: Large-scale patterns associated with tropical cyclogenesis in the western Pacific. *Mon. Wea. Rev.*, 127, 2027-2043.

2 野中信英、２００５：北西太平洋域における台風の発生形態の特徴、気象衛星センター、46、15－32。

3 筆保弘徳、２０１３：２章　台風の研究、天気と気象についてわかっていることいないこと　ようこそ、そらの研究室へ！、ベレ出版。

4 筆保弘徳、２０１３：２章　台風発生過程、台風研究の最前線　上巻、気象研究ノート２２６号、27－64。

5 筆保弘徳、伊藤耕介、山口宗彦、２０１４：台風の正体、朝倉書店、pp.１６８。

6 Yoshida, R., and H. Ishikawa, 2013: Environmental factors contributing to tropical cyclone genesis over the Western north Pacific. *Mon. Wea. Rev.*, 141, 451-467.

7 山崎聖太、筆保弘徳、加藤雅也、竹見哲也、清原康友、２０１７：台風による強風ハザードの評価：台風ノモグラムの開発、日本風工学会、42、１２１－１３３。

8 Fudeyasu H., and R. Yoshida, 2018：Western North Pacific Tropical Cyclone Characteristics Stratified by Genesis Environment, *Mon. Wea. Rev.*,146, 435 - 446.

9 Sadler, J. C., 1976: A role of the tropical upper tropospheric trough in early season typhoon development. *Mon. Wea. Rev.*, 104, 1266-1278, doi:10.1175/1520-0493(1976)104,1266:AROTTU.2.0.CO;2.

10 坂本圭、２００６　夏季北太平洋における上層寒冷低気圧と熱帯対流活動の相互作用に関する研究　博士論文　東京大学

11 Holland, G. J., 2008: *Tropical Cyclones, Chapter 10 of Introduction to Tropical Meteorology*. The COMET program, 208pp.

column 3

世界初！　台風ハザードマップ

津波が内陸のどこまで浸水するかを示しているのは「津波浸水ハザードマップ」。地震や大雨で山のがけが崩れる危険地域を示すのは「土砂災害ハザードマップ」。このように、自然災害が発生する恐れのある地域を示すハザードマップは、その災害の種類に合わせてさまざまなものが作成されており、それをもとにして、それぞれの地域で防災対策がとられてきました。

しかしながら、意外なことに、頻発する台風災害に対応した台風ハザードマップは存在しません。台風にともなうリスクは複合的で、被害が出る危険地域も複雑だからというのがひとつの理由でしょう。

ところで、皆さんのなかには、自分の街に台風が接近してきた過去の経験から、台風がこのコースを通ると自分の街で被害が拡大し、別のコースだと被害は少ない……といった経験則はないでしょうか？　実際に、台風経路のちょっとした違いで台風のリスクは大きく変わります。それは、接近する台風がもたらす暴風や豪雨は、それぞれの地域の周りの地形に強く影響を受けるためです。

地域ごとに、どのコースを台風が通ればリスクが高まるのか、前もってわかっていれば、台風への心構えや減災対策をとるのにとても有効です。そこで筆者らは、台風の位置と日本列島を作為的に東西にずらしたコンピュータシミュレーションを1000回以上繰り返し、疑似的に同じ強さの台風を異なる経路で日本列島周辺を通過させることに成功しました（山崎ほか２０１７）（下の図ａ）。そのシミュレーション結果から、台風がどこに位置するときに各地点の風や雨が強まるのかを算出し、「台風ノモグラム＠地域名」という新しい図法を開発して、その結果を示しました。

図ｂはその一例として台風ノモグラム＠横浜を示しています。この図は、それぞれのマスに台風の中心があるときに、特定の地点（この例では横浜）でどれくらい風が吹くかを表しています。なのでこの図ｂから、横浜では、横浜の西にあたる静岡や山梨を台風が通過するときに強風となり、岐阜や富山など離れた場所に台風がいても風の影響は大きいことがわかります。反対に横浜の東にあたる房総半島や茨城県沖を台

（a）疑似的に台風の経路をずらしたシミュレーションによる経路の図。（b）台風ハザードマップ「台風ノモグラム＠横浜」。その地点を台風が通過するときに、横浜で吹く相対風速と風向を色とベクトルで示している。

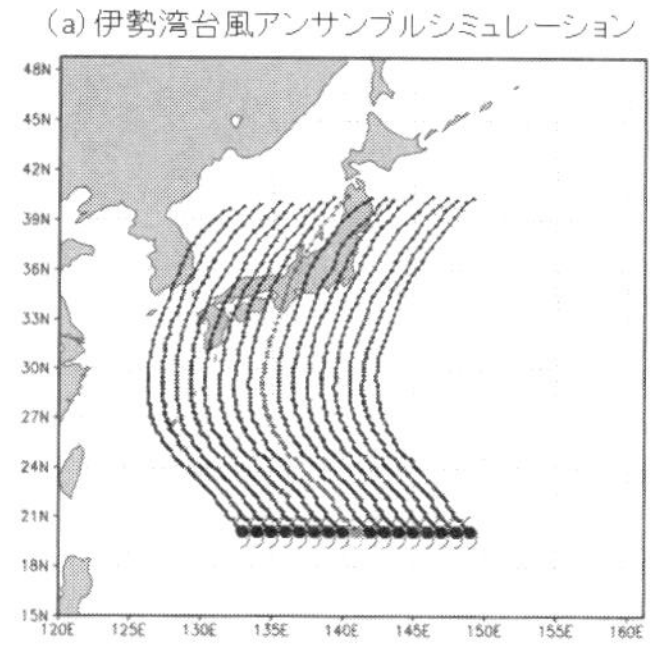

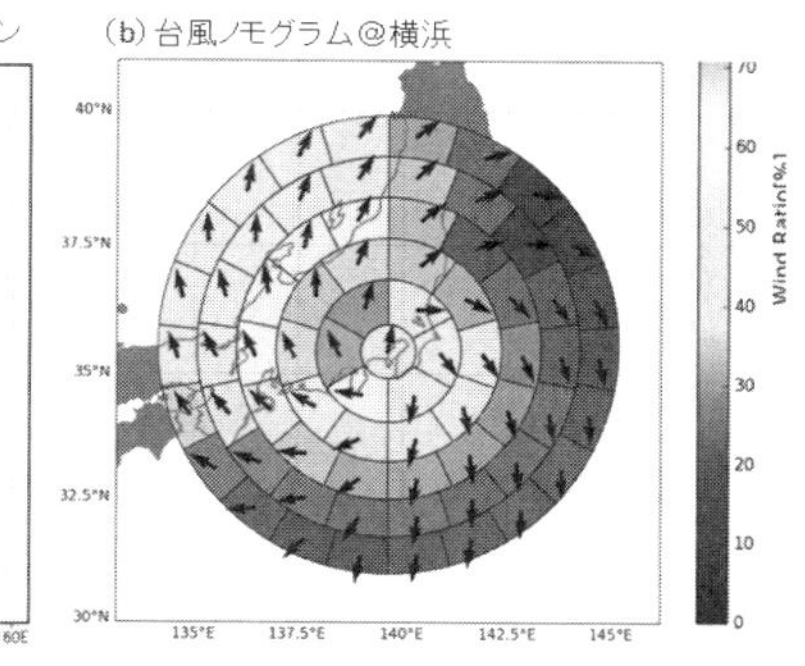

風が通過するときは、横浜では台風の風の影響は比較的小さいことがわかります。

　このように、それぞれの地域でリスクが高くなる台風経路がわかる「台風ノモグラム@地域名」は、世界初となる台風ハザードマップとして発表されました。今では、生活情報などモバイルコンテンツを配信している株式会社エムティーアイと共同で、地域ごとの台風ノモグラムを「台風ソラグラム」と名づけて、全国を対象にスマートフォンに配信しています。ユーザー一人一人に、お住まいの地域の台風ハザードマップとして利活用してもらうことを期待しています。皆さんも、お住まいの地域の台風ノモグラムをぜひ一度みてください。

　そして、自分の住む街が、どれくらい台風のリスクにさらされているか、さらに、この街にとってどのコースが台風リスク最悪になるのかを調べてみてください。

株式会社エムティーアイが提供するモバイル向けサービス「ライフレンジャー」に掲載している台風ソラグラム。

1. スマートフォンで「ライフレンジャー」と検索
2. ライフレンジャーの左上「メニュー」アイコンから「防災・備え」⇒「台風ソラグラム」を選択

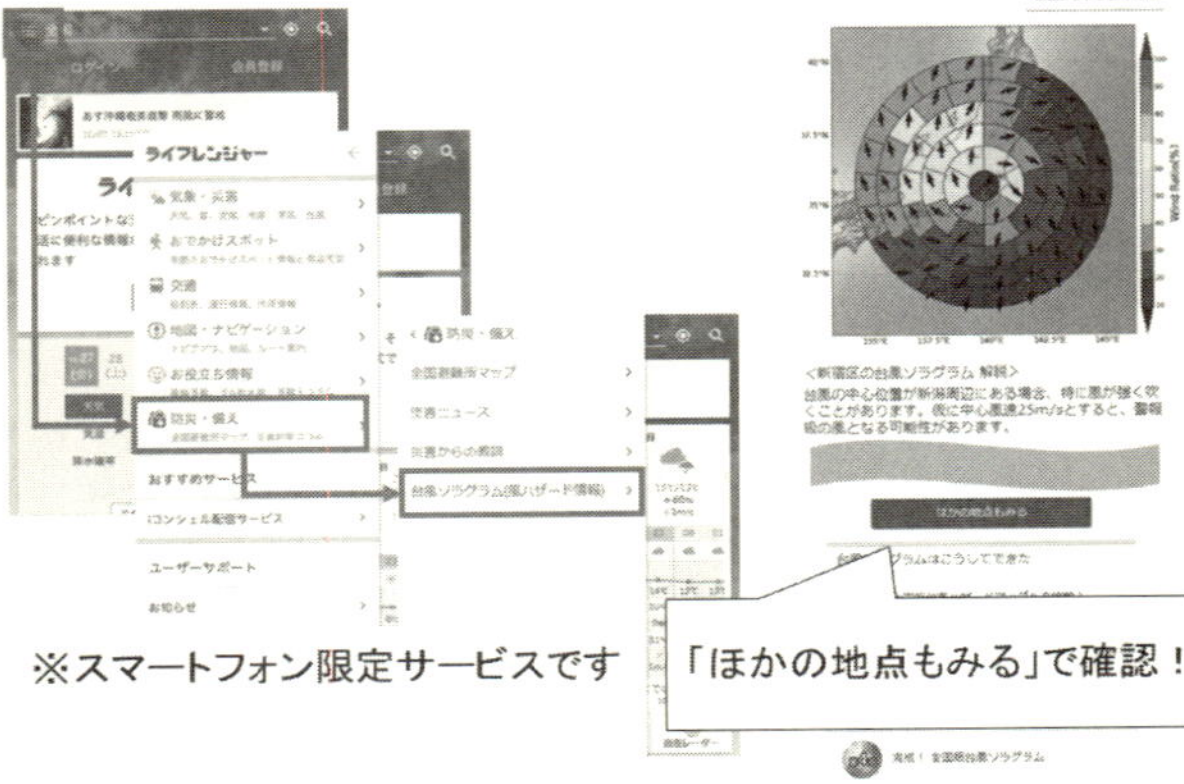

※スマートフォン限定サービスです

「ほかの地点もみる」で確認！

column 4

台風研究者フデヤスのアクティブラーニング空観測とsoraカルチョ

私（筆保）が、横浜国立大学の気象学研究室で取り組んでいる教育、アクティブラーニングを紹介します。それは、空観測（そらかんそく）とsora（ソラ）カルチョです。

毎日、大学の授業の4時限目が終わった4時すぎにみんなで屋上に上り、目前（目上？）の空を観測します。私の研究室がある建物の屋上は、東は横浜みなとみらいや房総半島、南は鎌倉、西は富士山、北は北関東の山々が臨める、空観測には絶好のロケーションです。まずは空の写真を撮影、雲形や雲量（全天に占める雲の割合）などを測定して、屋上に設置している百葉箱で温度・湿度を測ります。その後に研究室に戻ってきて、ミニ気象台スペースと呼ばれる場所でブリーフィングを行ないます。

その日の当番（「空当番」とよびます）は、気象庁から発表された最新の気象資料を壁に貼りつけて、昨日から今日にかけての天気概況を解説します。それが終わると、今度は明日の天気を予報します。天気図と指し棒を使って解説する空当番は、さながら、お天気キャスターです。

空当番の解説が終わると、いよいよsoraカルチョのゴングが鳴ります。研究室のメンバー全員で、明日の空観測をする時間（午後4時）の天気を予想します。予想する天気は「快晴（雲量が0～1割）」「晴（雲量が2～8割）」「曇（雲量が9～10割）」「雨」です。研究室メンバーの天気予想には、空当番の解説を信じてもよし、目の前に貼り出された気象資料をもとに自分で考えてもよし、ただの勘に頼ってもよし。そして次の日の空観測で、前の日の天気予想の答え合わせをします。

毎日これを繰り返し、研究室メンバー個人ごとの天気予想の正答率を競い合います。半年ごとに集計をとって正答率が一番高い人が優勝です。これが、トトカルチョ（イタリアのサッカーくじ）ならぬｓｏｒａカルチョ（通称「ｓｏｔｏ」）です。優勝してもｓｏｒａチャンピオンの称号しかもらえませんが、シーズン終盤になるといつも、教員も含めて全員真剣勝負です。

このｓｏｒａカルチョは、ただの単純な天気当てゲームのようにも見えますが、アクティブラーニングという教育手法のひと

横浜国立大学で行なわれている、大学生と大学院生によるブリーフィングの様子。

つです。アクティブラーニングとは、学習者が中心となって能動的に学ぶことで、さまざまな知識や能力の育成を図るものです。

コア・サイエンス・ティーチャー（注5）でもある津元澄先生にご協力いただき、この空観測やｓｏｒａカルチョ（小学校では「お天気よそう」と呼んでいます）を小学校で実施していただいたところ、その教育効果は絶大！　津元先生の予想をはるかに超えて子供たちはのめりこみ、天気への興味や自然を観察する技術を習得しただけでなく、自分の考えを話したり友達の予想を聞いたり、さらには統計をとる面白さも知ることができました。１日後に答え合わせという短期決戦も子供たちの記憶にはよく、また、自然相手なので勝ち負けから険悪になることもありません。

小田原市立大窪小学校で行なわれている、小学生によるブリーフィングの様子。

正確な調査ではありませんが、教科に関するアンケートに「教科で一番好きな科目が理科である」と答えた児童は、空観測の実施前は20％以下でしたが、実施後は50％以上になりました。もし全国の小学校で空観測やお天気よそうが行なわれたら、きっと「理科離れ」という言葉は死語になる⁉

さて、教育効果なのか、お天気キャスターの真似がその気にさせたのか、私の研究室の学生（2018年4月現在、卒業修了生22人中）のうち気象予報士の資格を取得した卒業生は5人、本物のお天気キャスターになった卒業生は3人です。

さらに摩訶不思議なことに、彼らに気象学や天気を教えている（はずの）私のsoraカルチョの通算成績は、9シーズン中優勝0回、最下位4回と散々な結果です。すでに師匠の面目は保たれていませんが、今日も空観測やsoraカルチョはアクティブに続けられていて、学生は立派に成長しています……ふぅ（ためいき）。

第3章 台風が発達するワケ

——台風一代記

宮本佳明

この章では、どのようにして台風が成長（発達）するのか、その理由を説明するとともに、成熟してやがて弱まっていく過程も紹介します。つまり、この章を読めば、台風の一生がどういったプロセスで決まるのかを理解してもらえると思います。最後に、世界で精力的に取り組まれている台風のメカニズムに関する研究も紹介します。

3・1 成長していく台風

台風は暖かい海が好き

宇宙から見ると、台風にはその中心に目とよばれる雲のない領域があり、それを取り囲むようにして雲の円盤のような構造が見えます（図3・1）。このような台風の構造は、一般的に台風が発達するほど明瞭になっていきます。発達というのは、中心気圧などで測った台風の強度が強まることです。強い強度まで成長した台風では、目が明瞭に確認でき、円盤状の雲も半径数百キロメートルというかなり広い領域まで広がります。それ

▶**図3・1**　気象衛星で観測された、発達した台風の雲画像。

では、どのようにしてこのような特徴的な渦ができあがるのでしょうか？　ここでは特に台風が強くなっていくメカニズムを紹介します。

〝台風は暖かい海の上で成長する〟という話を聞いたことがある読者の方もいるかもしれません。その通りです。台風はエネルギーである水蒸気を海からもらって成長していきます。人間が食べ物を食べ続けないと生きていけないのと同じで、台風も海から水蒸気をもらい続けないと、発達することも、今の強度を維持することもできません。この点は後で納得してもらえると思います。一般的に、海の水温が高いほど大気へ入ってくる水蒸気量が増えるため、〝台風はエネルギーをたっぷりもらえる暖かい海の上で成長しやすい〟のです。

台風が動くメカニズム

では大気に流入した水蒸気が、どのようにして台風を動かしているのでしょうか。これを理解するためには、台風の断面図（人間ドックのＣＴスキャンのようなものです）を見てもらう必要があります（図３・２）。まず一番上に広がった雲が見えます。これは宇宙からの画像（図３・１）で見えた円盤状の雲に相当するので、台風の上部の雲だったことがわかります。この高さは、ちょうど対流圏の上部（高度〜15キロメートル）に相当します。その下にはいろいろな雲が隠れています。特に台風を動かすために重要となるのが、〝目の壁雲〟といわれる、目を取り囲むようにして存在するドーナツ状の雲です。この目の壁雲まで水蒸気が輸送され、ここで水になる（凝結する）ことが重要になります。

ここで風の流れに目を向けてみましょう。図に描いた通り、海面付近ではスパイラル状に内側に入り込んでいく流れがあり、目の壁雲域で回転しながら上昇し、上部でやはりスパイラル状に吹き出していきます。もう少し細かく見ると、反時計回りに回転する流れに加えて、海面で内向きに、目の壁雲では上向きに、そして上部で外向きに流れが

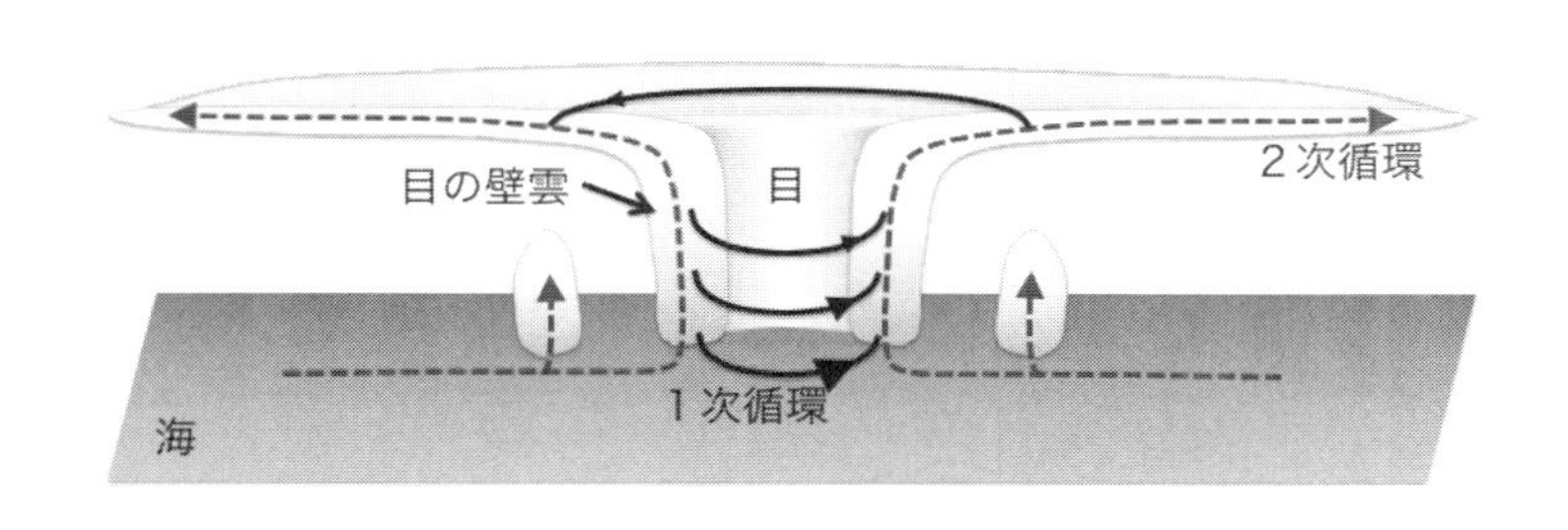

▶**図3・2**　台風内部の風・雲の鉛直断面図。

存在しているといえます。

海から大気に入ってきた水蒸気は、この内向きの流れに乗って目の壁雲の下まで運ばれていきます。次に上昇流に乗ることで、気圧・温度が低いところに移動し、凝結して雲になります（温度が低いほど雲になりやすいという性質があるのですが、詳細は割愛します）。雲は水滴の集まりなので、水蒸気が雲になるというのは、気体だった水蒸気が液体の水になることに相当します。このとき、水滴の周囲の空気は暖められます。これは〝湯冷め〟と逆の効果です。お風呂上がりに体を拭かないでいると湯冷めしてしまいますが、あれは、水滴が蒸発して（水→水蒸気）、周囲の肌を冷やすためです。逆に雲ができるとき（水蒸気→水）に

▶**図3・3**　アイススケート選手のジャンプ。

は、周囲の空気を暖めます。暖まった空気は軽いのでさらに上昇しようとします。すると今度は、下のほうで空気が足らなくなり、外側から集めてくる必要が出てきます。そこで内向きの流れが駆動されます。この内向きの流れが、外側から〝角運動量〟という量を輸送してきます。

角運動量は回転の強さを表す量のひとつで、これが内側に輸送されると回転が速くなります。これはフィギュアスケートのジャンプのメカニズムと一緒です。フィギュアスケートでは、選手がジャンプをするとき、腕を大きく広げた状態から一気に畳みます（図3・3）。じつはこのとき、選手は角運動量を輸送しているのです。するとクルッと速い回転が生まれ、空中にいる間に3回も4回も回ることが可能になります。もし科学的なテレビ解説者がいれば「なんという素晴らしい角運動量輸送なのでしょう！」と熱狂することでしょう。ここでのポイントは、〝大きく広げた腕を縮める〟という点です。

台風でも同じで、外側から大きな角運動量が輸送されることが重要です。外側（腕を広げているとき）では遅い回転だったのに、内側まで入り込んでくる（腕を畳む）と速い回転になります。数式で表すと、角運動量（M）は近似的に半径（r）と回転速度（v）の積で書けます（$M = rv$）。台風の腕を広げたときの半径を100キロメートル、回転速度を毎秒30メートルとすると、角運動量は毎秒3000キロメートル2乗になります。これを半径50キロメートルまで縮めると、角運動量がそのままだとすれば、回転速度は（$v = M/r = 3000/50$）毎秒60メートルまで増えます。$M = rv$で角運動量Mが一定である限り、半径rが小さくなれば回転速度vが増えなくてはつじつまが合わないのです。つまりは、先述の理由で駆動された内向きの流れが角運動量を輸送し、台風の速い回転をつくっています。

以上をまとめると、台風が駆動するうえで重要なのは、（a）海から水蒸気が入ってくること、（b）目の壁雲（目を取り囲むドーナツ状の雲）域で水蒸気が雲になること、（c）

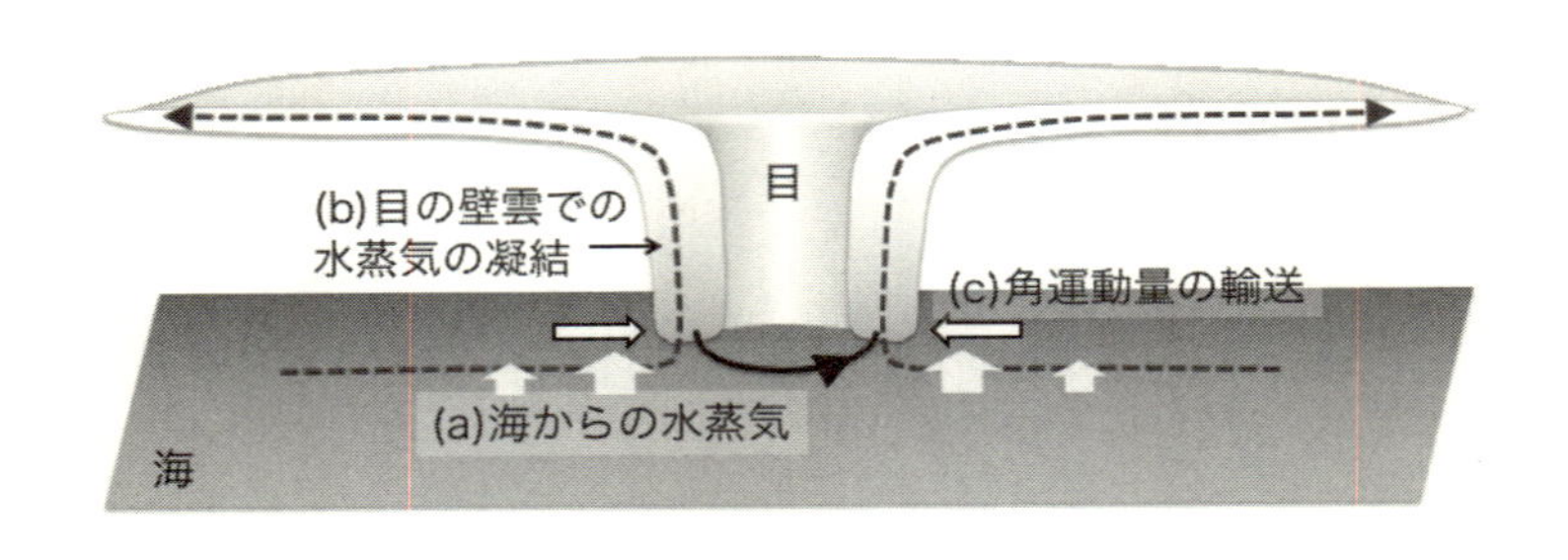

▶**図3・4**　台風が動くメカニズム。

空気を補充するための内向きの流れが駆動され、〝角運動量を輸送〟すること、という3つの過程になります（図3・4）。この3つの過程さえ理解してもらえれば、台風の基本的なメカニズムは理解できたといっても過言ではないと思います。

もらえる水蒸気は多いほどいい

もしかしたら、海から水蒸気が入ってくる量と台風の成長速度の関係を考えた方がいるかもしれません。一般的に、たくさんの水蒸気が入ってくれば、（b）雲が形成されるときにより多くの水蒸気が凝結します。すると下層でより多くの空気が補充される必要があるため、（c）速い内向き流が駆動され、角運動量の輸送を通じて、より速い回転が生まれます。つまり、海から水蒸気が入ってくる量が多いほど、台風は強くなりやすいといえます。

台風は通常、発達を阻害するさまざまな要因が多くある環境下にいます。そのため、台風が強くなるためには、なるべく好ましい環境、つまり暖かい海の上にいることが必要なのです。そして、暖かい海ほどより多くの水蒸気を台風に渡してくれるので、地球温暖化の話にも出てくるように、海の水温が高くなると台風が強くなるのです。

それでは、もし水蒸気が足らなかったらどうなるのでしょうか。目の壁雲域で雲（水滴）ができないくらい水蒸気が不足していると、そもそも雲ができません。すると下層で内向きの流れも駆動されず、角運動量も輸送できないので、台風は成長できません。それどころか、十分に発達した台風でも、その強度を維持するためには、水蒸気が供給され続けなければなりません。動き続けるためにはエネルギーがいるということで、これは人間と同様です。同時に、台風は必ず雲をまとっていますが（今さら何をいっているのだと思うかもしれませんが）、これは、台風が動くためには中心付近の雲が欠かせないという、今回紹介したメカニズムの裏付けでもあります。

3・2 台風にもある？ 成長の限界

台風は熱帯の暖かい海の上で生まれて、成長しながら徐々に北上し、日本などの中緯度の国に上陸したりして減衰してやがて消えます。台風の強さを表す中心気圧を使って典型的な強い台風の一生を見ると（図3・5）、最初は弱かった強度が、グーッと強くなり（気圧が低くなり）、一定に達します。数日間強い強度を保って、その後、弱まり（気圧が増加し）消えていくという流れです。前節では台風が動く基本的なメカニズムと、強くなっていく過程、いうなれば成長期を見てきました。本節と次節では、台風の成熟期と減衰期を紹介します。

台風の成長限界

じつはそれぞれの台風には、成長できる最大の強度が存在します。ここで重要なのが、台風は海面との摩擦による〝弱めよう〟とする効果に打ち勝ちながら動いており、動くためには先述のメカニズムが必要になるという点です。つまり、先ほど紹介したメカニズムは、台風の発達だけでなく、台風の維持を説明するものでもあるのです。

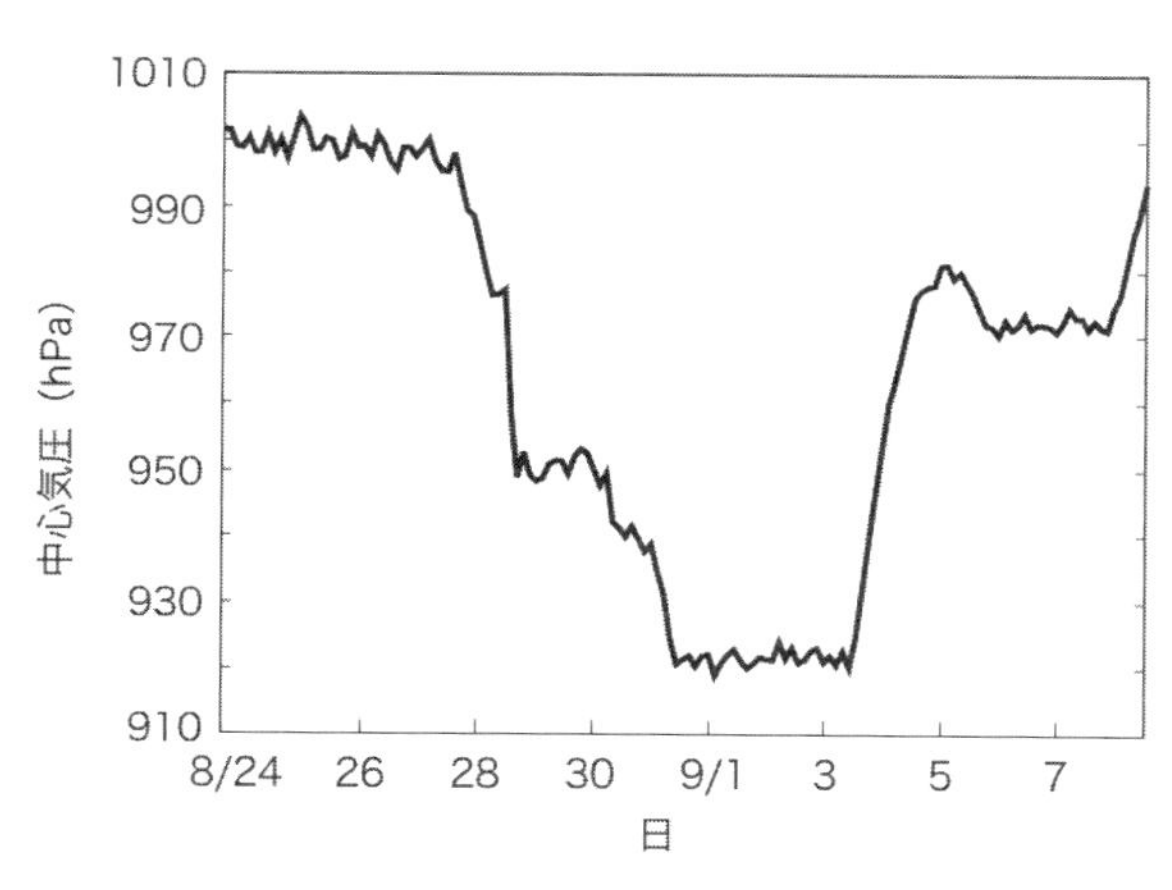

▶**図3・5**　強い台風の強度（中心気圧）変化の例。

海面との摩擦によって台風が弱まる効果というのは、そのときの台風の強さに比例します。風が速いほど摩擦は強くなります。例えば、台風が接近したときの海を思い浮かべてもらうと、風が弱いときにはさざ波程度だったのが、風が強くなると波が高くなり砕けたりします。これは摩擦力が増加して、エネルギーが海に輸送された結果なのです。たしかにテレビの中継などを見ても、台風のような強風下では、波は高く、砕けていることがわかります（危ないので直接見にいかないでください）。これは風が強いため、摩擦の影響が大きくなっていることの証拠でもあります。

少し話がそれましたが、台風は強くなるほど風も速くなり摩擦も大きくなるので、台風を弱める効果も大きくなるということです。また、摩擦の効果の増大スピードは、台風の強化スピードよりも速いという性質があります。この性質によって、生まれたての弱い台風では、強くなる効果が大きく、成長していけるのですが、ある程度強くなると、摩擦による減衰効果が大きくなってきて、やがて両者がバランスするようになります。このバランスした強さから、台風が少しでも強くなろうとすると、摩擦の効果が大きくなりすぎるため、弱まってバランス強度に戻ります。

一方で、少し弱まっても、（海から水蒸気を獲得できる限りは）今度は強めるほうが勝って、やはりバランス強度まで戻ります。この強さの上限値を最大発達強度（ポテンシャル強度）とよびます。実際の台風がこの強さを超えることはほとんどないとわかっています。まさに台風の成長限界とよぶことができます。

3・3 終焉に向かう台風

多くの台風は発達した後、成熟期に入り、徐々に北上するとともに衰弱し、やがて消えてしまいます。我々の人生と似ていて、誕生から成長期を経て大人になり、やがて衰えていくという一生をたどります。

すでにお気づきかもしれませんが、衰える理由は、基本的に〝成長に好ましい条件がなくなってしまうため〟です。例えば、海水温が低い領域に入ったり、摩擦が大きい陸地に入ったり、台風の周りの風の鉛直シアー（台風を取り囲むくらい大きな領域での、対流圏の上層と下層での風速の差）が大きい領域に入ったりすると、衰弱してしまいます。

これは、先述した、台風が発達・維持する理由を思い出してもらえれば理解することができます。台風の発達・維持には、摩擦に打ち勝つほどのエネルギーを得るために、海から水蒸気を獲得して、中心付近で雲になって、角運動量を輸送することが必要でした。摩擦の効果は台風がどこにいても常に効いてくるので、エネルギーである水蒸気を取得し続け、それが雲になり続けることが重要なのです。そのため、供給が途切れたり、雲ができなくなったりすると、一気に台風は減衰してしまいます。

台風が弱まる要因

日本など多くの国は、台風が発生する熱帯よりもかなり北の中緯度帯に位置しており、この緯度帯では、暖かい南の空気と冷たい北の空気がせめぎ合っています。これにより日本を含む中緯度の対流圏上層では、ジェット気流という強い西風が吹いています。ジェット気流が存在している領域では、対流圏の上層と下層で、風速・風向が大きく異なります。つまり、鉛直シアーが大きいのです。

このような中緯度帯に台風が入ってくると、それまでは図3・2のように鉛直方向に立った渦構造をもっていたのに、それが傾けられるように働きます。すると、前述した台風の駆動メカニズムが働きにくくなってしまい、それまで強い強度を保っていたため弱まる効果が一気に働いて、台風自体が急激に弱まります。

また、これは中緯度に限らないのですが、台風は日本を含む陸地に上陸しても急激に弱まります。この理由は簡単で、海上よりも陸地のほうが摩擦が大きいから、そして何より陸地では、台風のエネルギーである水蒸気を供給できないからです。台風の被害が島国や沿岸部に限られるのはこのためです。

しかし、上陸により減衰するとはいっても、瞬間的に台風が消えるというわけではありませんし、さらに陸に接近しても、中心付近（およそ半径100キロメートル以内）が上陸しなければ、台風の強さに大きな影響はありません。そのため、実際に台風が弱まるまでは注意が必要です。

中緯度の強い鉛直シアー域に入ったり、上陸したりして台風が弱まっていく過程は、人工衛星の画像でも確認できます。まず台風の構造が壊れ、目がなくなり、円盤のようだった雲は非対称な楕円構造になります。そして数日のうちに弱い低気圧になり、あるものは温帯低気圧として再発達するものもあるのですが、だいたいは消えていきます。日本に上陸した多くの台風もこのように減衰します。しかし、減衰していく間にも台風の残骸として多量の降水をもたらすため、やはり注意が必要です。

最終的に台風が消える理由は、コーヒーにミルクを入れてかき混ぜたら、均一化してやがて流れが止まるのと同じです。これはコーヒーの粘性によりますが、台風に限らずすべての大気の運動にも、大気の粘性によって均一化しようという力が働きます。そのため、この粘性に抗う何らかのメカニズムが働く限りは大気中に存在することができますが（台風の場合は先述したメカニズム）、もしそれが途絶えてしまうと、やがては粘性によって均一化されてしまうというわけです。コーヒーの例えでいえば、スプーンでかき混ぜている間はカップ内でくるくる回転しますが、かき混ぜるのを止めるとやがて回転は止まります。

台風の強さを決める〝綱引き〟

これまでに紹介した成長・成熟・減衰の一連の過程をまとめると、渦ができた後の台風の強さの変化は〝綱引き〟のようなものと解釈することができます（図3・6）。台風を強めたい派と弱めたい派が争っています。強めたい派は綱引き中に水蒸気をもらい続ける必要がありますが、たっぷりもらえたときにはすごい強さで引きます。一方で弱めたい派は〝強めたい派の強さに応じて〟常に引いています（つまり強めたい派の力が強いほど、弱めたい派の力も強い）。成長している段階では、まだ弱めたい派の力が弱いこともあり（強めたい派の引く力が弱いので）、強めたい派がたっぷり水蒸気をもらってグングン引いていきます。

しかし、ある程度まで引くと、今度は弱めたい派の引く力が強くなって、両者の力が拮抗します。これが成熟期に相当し、両者ともすごい力でせめぎ合います。この状態を保てればいいのですが、やがて水温の低いところに行ってもらえる水蒸気が減少したり、

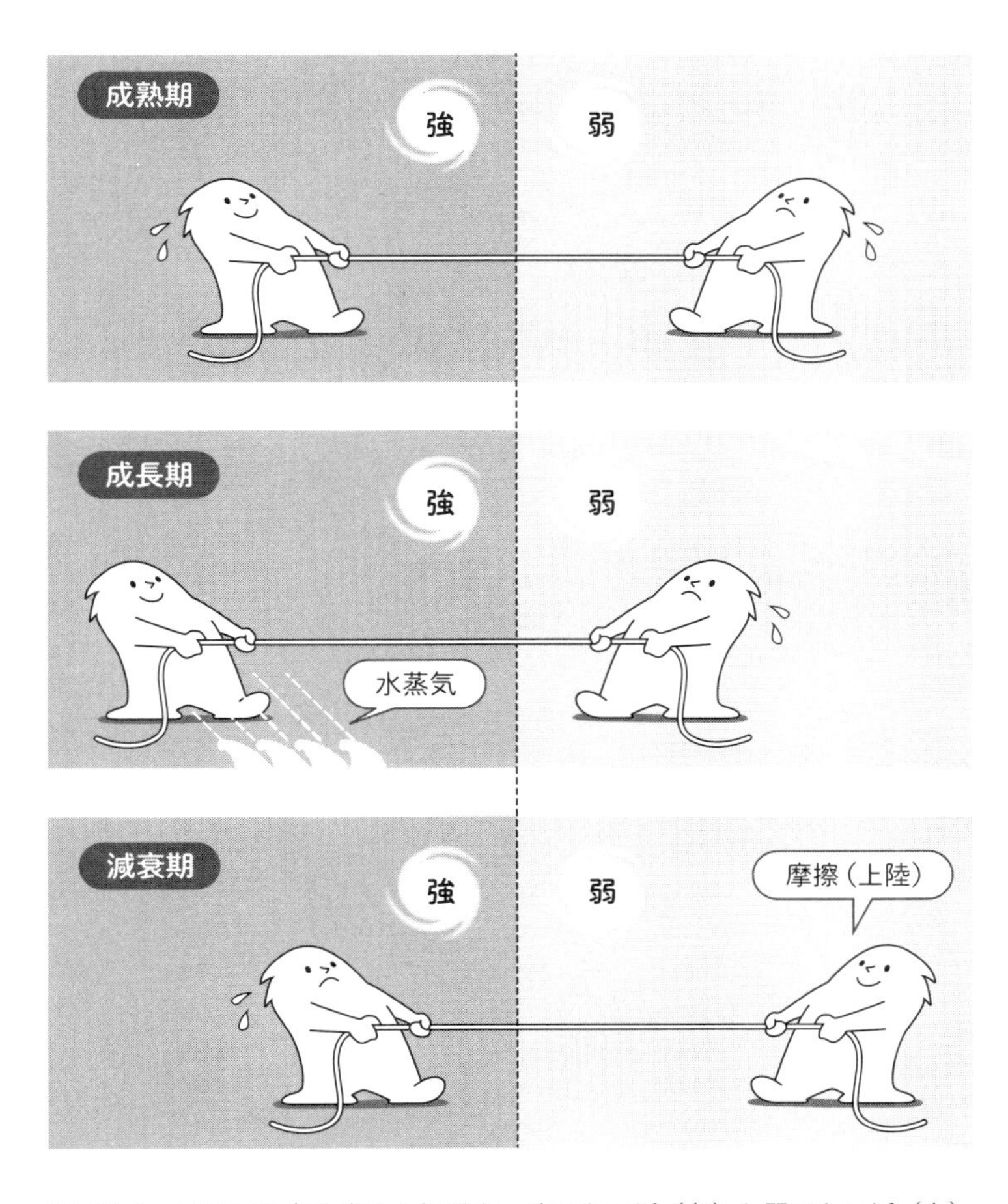

▶**図3･6**　台風の強度を決める綱引き。強めたい派（左）と弱めたい派（右）の対決では、強めたい派は水蒸気をもらうと強く引ける一方、弱めたい派は上陸して摩擦が増えたりすると一気に強くなる。真ん中の線が強度が変化しないときを表し、右（左）にずれたら台風が強まっていく（弱まっていく）ときを表す。上から成熟期、成長期、減衰期を示す。

鉛直シアーが増加したりして、強めたい派の引く力が弱まります。もしくは上陸すると弱めたい派の力がさらに増すため、以降は弱めたい派が優勢になり、最終的には弱めたい派の勝利で終わります。

3・4 ミッシングリンクに挑む未来——未解決問題

台風が駆動するメカニズム、そしてその強さが変わる仕組みの基本的なことは前述の通りです。ここまで読んでもらうと、台風の強度変化についてはすべてわかっていると思われるかもしれませんが、じつはまだ解明されていないことばかりなのです。台風の強さの予報は、その進路の予報に比べて精度が芳しくありません。その理由は、我々人間が、まだ台風の強さを変化させるメカニズムの大事な点を見つけられていないからです。そのため、世界中の台風研究者が謎を解明するために日夜研究に没頭しています。

ホットトピック1　急速発達

特に近年注目されているのが、台風の急激な発達（一般的に24時間で15・4m／s以上発達した場合を急速発達といいます）です。近年の研究で、各地に被害をもたらすような暴風雨を伴う強い台風のほぼすべてが、その生涯に一度は急速発達を経験することがわかりました。さらにこの急速発達は、特に予測が難しいとされています。防災面上も重要になることから、なぜ急速発達が起こるのか？　どういったメカニズムで急激に発達するのか？　といった問題に対して、多くの研究者が精力的に取り組んでいます。ここでは最新の研究を簡単に紹介します。

台風の急速発達を研究する学者の間で共通の認識になっているのは、台風の中心付近で大量の水蒸気の凝結（雲の形成）が生じることが大事という点です。お察しかもしれませんが、先に紹介した、台風が駆動するメカニズムと同じです。つまりこのメカニズムが働くようになりさえすれば、台風は急速発達するということです。

ただ、詳細を述べていなかったのですが、形成する雲の分布の違いで議論があります。回転軸に対して対称な分布（つまりドーナツのような分布）がより大事という人たちもいれば、孤立した積乱雲（夕立をもたらすような雲のさらに対流が激しいもの。対流バーストといいます）が大事という人たちもいます。つまり雲の分布が、きれいなドーナツ状なのか、食べかけのドーナツ状なのかという議論です。いまだ決着はついていないのですが、どちらも、中心付近で雲ができることが大事という点は共通しています。さらなる研究が求められています。

ホットトピック2　台風の背景風のシアー

台風を弱める方向に働くと紹介した、周囲の風の鉛直シアーと台風の強さの関係についても未解明の点が多く残ります。鉛直シアーが強いところだと台風の渦が倒れてしまうため、先に紹介したメカニズムが働きにくくなってしまい、台風の発達を妨げます。このトピックが難しい理由は、台風の構造が複雑になることで、何が起きているのか理解するのが難しくなってしまうためです。例えば、前述の急速発達との関係にしても、鉛直シアーが強い状況下でも積乱雲が中心付近に形成されれば、台風は強くなれるという指摘や、鉛直シアーが弱くなったら急速発達が始まるという指摘など、多くの議論がなされています。

ホットトピック3　台風上部の影響

最後に、ごく最近ホットになりつつあるのが、台風の周囲数百〜千キロメートルにおける対流圏上層（高度約15キロメートル）の気温や雲の量などが、台風の強さに影響するという点です。先述した基本的なメカニズムでは、海からの水蒸気の供給だったり、台風中心付近での雲の形成だったりと、対流圏の上層の話は出てきませんでした。つまり、これまであまり重要ではないと思われていたのですが、近年の研究によってその影響が示され始めています。例えばDai *et al.* (2017)は、台風周辺の上層にジェット気流が存在するとき、中心外側に新たに目の壁雲が形成され台風の強さが急激に変わることを示したり、Wu and Soden (2017)は人工衛星のデータから、発達する台風ほど多くの氷を上層に保持していることを示しました。これからの研究が期待されます。

基本メカニズムは半世紀以上前からわかっていた

本節ではいまだ解決できていない台風の研究をいくつか紹介しました。このほかにもさまざまなトピックがあり、世界中で多くの台風研究者が解決に向けて努力しています。ただ、多くのテーマがあるなか、ほぼすべての研究で、前述したメカニズム（水蒸気が中心付近で凝結し（雲になり）、角運動量を輸送する）が重要と考えています。つまり、この点は疑う余地のない基本的なメカニズムであると考えることができます。

海からの水蒸気の重要性が初めて指摘されたのは、今から半世紀以上も前になります。先述した台風の発達メカニズムに関しては、現在までに多くの理論が提唱されていますが、今回は共通理解として合意されている内容を紹介しました。今こうして紹介すれば、「ああこういうことか」と理解してもらえるかもしれませんが、最初にこのメカニズムを考えた人はすごいなと思います。現在ほどコンピュータも発展しておらず、参考にする研究もごく限られたものしかなかった状態で、こういった基礎理論をよく考えることができたと驚かされます。

じつはこのメカニズムの基盤部分を考えたのは日本人です。１９６３年・１９６９年に大山勝之博士が、ここまで紹介したメカニズムで台風は駆動しているという論文を発表しました。大山先生は東京大学で学んだ後、アメリカに移りニューヨーク大学で働かれ、後にマイアミに拠点を移されました。残念ながら２００６年に亡くなりました。私が学生のときに初めて参加した、世界最大のハリケーン国際会議で、彼ともう一人の日本人台風研究者である栗原宜夫博士（２００７年に逝去）の追悼セッションが開かれていました。100人以上入る会場は一杯で、両博士の功績のすごさが伝わってきました。「日本人でこんなにすごい方々がいらしたんだ」と大きな衝撃を受けたことを今でも覚えています。台風の理論を研究する一人として、大山先生や栗原先生に追いつけるよう励むことができればと、常日頃から思っています。

3・5 まとめ

この章では台風が動くメカニズムを紹介しました。要点をまとめると、

(a) 海から水蒸気が入ってくること
(b) 目の壁雲（台風の目を取り囲むドーナツ状の雲）域で水蒸気が雲になること
(c) 主に対流圏の下層（高度1キロメートル付近）で〝角運動量が輸送される〟ことです。

これをもとに、

- 台風が成長する過程
- 台風には成長できる最大の強度（ポテンシャル強度）があること

● 台風が弱まっていく過程

を見てきました。台風の強さが変化していくこれらの過程は、綱引きに例えられるかと思います（図3・6）。強めたい派と弱めたい派が争っていて、強めたい派（弱めたい派）が勝っているときは成長（衰弱）して、両者が拮抗しているときは強度が変わらない、と理解できます。このようなメカニズムを知ってもらえれば今後、台風が来たときに、「水温が高そうだから今後、この台風は強くなるかな？」とか、「上陸しそうだし、中緯度にも入ってきたから、そろそろ弱まるだろう」というように、自身で天気予報をすることもできると思います。

参考文献

Dai, Y., S.J. Majumdar, and D.S. Nolan, 2017: Secondary Eyewall Formation in Tropical Cyclones by Outflow–Jet Interaction. *J. Atmos. Sci.*, 74, 1941–1958.

Wu, S. and B.J. Soden, 2017: Signatures of Tropical Cyclone Intensification in Satellite Measurements of Ice and Liquid Water Content. *Mon. Wea. Rev.*, 145, 4081–4091.

column 5

台風研究者ミヤモトの一日 マイアミで

　私は2018年3月末まで、日本学術振興会の海外特別研究員として、アメリカのマイアミ大学で働いていました。仕事の内容は台風の研究で、朝から晩まで台風のことを考えて過ごします。

　朝起きて、時差のある日本からのメールを確認したりして、8時くらいに出勤します。職場までは自転車で20分くらい、車だと15分くらいです。「この人自転車こぐの速いな！」と思われるかもしれませんが、私が住んでいたアパートは駐車場が地下3階なので、地上に出るまでに時間がかかるのです。職場では同僚の研究員（Brianさん）と相部屋でした。職場ではコーヒーが無料で飲めるので、コーヒーを汲みにいった後、Brianさんと軽く喋って（盛り上がるネタの日にはけっこう長いこと喋ります）、仕事を始めます。

　私の研究は、ただじーっと考えて方程式を立てて展開していく作業と、コンピュータを用いての数値計算によって進めていきます。そのため、基本的に一日中、椅子に座って机で作業します。少し集中しているとやがてお腹が空いてきます。私は甘いものが好きで、おやつにドーナツを食べます。お昼になってお腹が空いたら弁当を食べます。

　職場の1階には海の見える、とても綺麗なカフェテリアがあるのですが、マイアミの食文化はアジアとは程遠いもので、キューバや中南米料理が多く、しかも値段もちょっと高い（一食1000円程度）のでほとんど行きません。アメリカのなかでもロスやサンフランシスコがある西海岸や、日本人の多いニューヨークなどでは、日本食文化が根づいていますが、マイアミは大都市ながらほとんどありません。食材は、車で40分くらいかかる韓国スーパーに、月に1回お米や味噌、納豆などを買い出しにいっていました。

午後は、外部から人を招いての研究発表セミナーがあったり、週に1回程度ボスの教授とのミーティングがあったり、グループで行なっているプロジェクト（米国航空宇宙局NASAの人工衛星による台風観測のデータ解析）のミーティングがあったりします。また、大学の目の前が海洋大気庁（NOAA）の研究所であるため、ハリケーン研究部門の会議に参加したりもします。ほぼ毎日、1時間程度の予定があります。5時過ぎには職場を出て家に帰ります。

こうして振り返ると、非常に優雅な時間の使い方だったのですが、仕事も一応はかどりました。なぜか考えてみると、最も大きな理由は、（私の職種が特にそうなのですが）雑務があまりなく、研究に集中できる環境が整っていたことが挙げられます。アメリカでは職種でやるべきことが明確化されており、研究職は研究のみに専念して結果を出せよという雰囲気があります。さらに、研究のなかでも、「君はこのテーマは考えなくていい」という雰囲気さえあり、若手研究員も自分の専門を大事にしている印象を受けました。まさにスペシャリストを尊重する文化なのかもしれません。専門性の高い研究職を比較しても、日本ではあれもこれも知っているジェネラリストが重宝されるような気もします。

しかしこれは、あるテーマを研究する人間の数の日米間の違いにもよるのかと思います。ある問題に対して多くの人数で取り組むアメリカでは、他の人との差別化を図るためにスペシャリストになって自分の得意領域をもつのが重要で、それに対して、少人数（ときには一人）で取り組む日本では、ジェネラリストが長時間頑張るしかないのかもしれません。いずれにせよ、日本より自由な空気で研究を進められるという意味では恵まれた環境でした。人生のなかでこのような経験ができたのは幸せなことだなぁと思います。

恩師David Nolan教授と。

column 6

トランプショック?

2016年11月、民主党ヒラリー・クリントン氏と共和党ドナルド・トランプ氏の対決で、アメリカ大統領選挙が行なわれました。職場の普段の会話では、あまり政治の話は出ないのですが、この日ばかりは話題に上がっていました。前大統領のバラク・オバマ氏が当選したときもアメリカにいたので、大統領選挙が国を挙げた一大イベントであることは認識していました。

ただ、話題の内容は、「どれくらいの差が開くかな」などというように、クリントン氏が勝つ前提の話で、誰もトランプ氏の勝利を想定していませんでした。実際に、選挙前からトランプ氏の言動はテレビでいろいろと指摘され、異端児と見られていました。選挙前の得票予想でも、可能性がある程度あるとされながらも、やはりクリントン氏が優勢だろうといわれていました。

しかし、その日の夜に家でテレビを見ていると、各州の結果が出てくるにつれて、両者が拮抗している状況が明らかになってきました。私はアメリカ国民ではないのに、「もしかして本当にトランプ氏が勝利するのでは……」という、生放送ならではの妙な緊張感がありました。そして鍵を握るといわれたフロリダ州を、トランプ氏が押えました。テレビには、フロリダ州の地図に、勝利した党の色が塗られたものが出たのですが、都市部でクリントン氏が勝利、郊外でトランプ氏が勝利という状況が鮮明に表れていました。その後も攻勢を強めたトランプ氏は最終的にアメリカ大統領に選ばれました。

トランプ氏が大統領に就任した後、外国籍の人の雇用に課題があるという考えから、この方面で影響が出始めます。また、「地球温暖化は嘘だ」とも考えていたことから、海洋大気庁など、温暖化研究を行なう機関の予算が大幅に削られることになりました。

同年代の多くの研究者が、私と同じようにアメリカ国外から来ており、海洋大気庁に関係する予算で雇われていたので、しばらくの間、職場ではこの話題で持ちきりでした。今年グリーンカード（永住権を認めてもらえる）を申請しようかと思ってたけど大丈夫かなと懸念する人や、そもそも数ヶ月後に契約が打切りになってしまうかもと心配する人もいました。

研究者の世界はもともと非常に流動的で、特にアメリカでは1年から数年の契約でコロコロと職場が変わります。特に若手は絶えず次のポジションを探すため、結果（論文）を出しつつ生きているのですが、仮に結果を出しても、次の仕事が得られない可能性が高まってきたことで雰囲気も暗かったのです。

私自身に関しても、この数ヶ月前に、上司が次の職の話を提案してくれて、そのための予算を申請してくれてました。そのため選挙の時期は、その審査の結果を待っている状況でした。通常であれば、選挙の2～3ヶ月後の2017年の初めくらいには結果がわかると考えられていたのですが、数ヶ月待っても結果がきませんでした。ビザの関係もあるので、あまり遅くなってしまうと、仮に予算が取れたとしても、アメリカに残ることが難しくなってしまいます。諸々の事情により、予算額が変わっているので、審査の時期もずれ込んでいたようです。

そしてさらにその数ヶ月後、ようやく結果がきました。無事に予算は採択されたものの、額が大幅に削減されてしまいました。結局この予算で私を雇うことは難しく、私は他のポジションを探すことになりました。

この決定がどの程度トランプ氏の政策によるのかはわかりませんが、少なくとも時期がずれ込んで大きな影響を受けました。私以外にも多くの方が似たような状況にいたと思われます。これも一種のトランプ効果なのかもしれません。

第4章

荒れ狂う海で何が起こっているのか？

──いち研究者の視点から

伊藤耕介

かつて恩師は私に「問題（わかっていないこと）とは、それがあることに気づくまでが半分で、解くのがもう半分である」と言ったことがあります。謎はその存在を気づかれないままであることが多い、という意味です。私は、これまでに何度か「わかっていることと、わかっていないことに巡り合う」という経験をしてきており、それが研究者人生にとって重要な役割を果たしてきたと感じています。

そこで本章では、私が台風と海の関係に関するいくつかの謎に、さまざまな分野の人との触れ合いを通じて出合ってきたことについてお話ししたいと思います。個人的な経験をもとに記しているので、内容に偏りがあるかもしれませんが、どうかご容赦ください。

4・1 台風は海を変える

台風と海の関係を調べることになったわけ

私は大学3年生の終わり頃、研究室を決める時期を迎えました。当時から、台風の研究をしたいと思っていましたが、優秀な同級生はみな、人気のある気象学研究室に入りたいと言います。そこで、古きよき京大生を自認し、非真面目でメインストリームが嫌いだった私は「人生は長いので、1年ぐらい海洋のことを学ぶのもよかろう」と、隣の海洋物理学研究室に入ることを決めました。

いま思うとまったく厚かましい話ですが、それでも台風の研究をやめる気がさらさらなかった私は、海洋物理学研究室の根田昌典先生に「台風と海洋の関係に関する研究を卒業研究としてやらせてください」と無理を言いました。京都大学の海洋物理学研究室は当時、海洋循環（輸送混合過程）ならびにデータ同化、エル・ニーニョの解明と予測、黒潮の変動機構、非静力モデルによる前線性有限振幅不安定波などに関する研究をしており、台風は相当以前に研究されたようですが、長らく休眠状態のテーマでした。根田先生はしばらく考え、やがて「Argoフロートというものを使って、台風通過時の海洋の変動を調べてみましょうか」という提案をされました。

Argoフロートというのは、水深2000メートルから海面まで、潜航と浮上を繰り返し、約10日おきに海洋内部のデータを送ってくる自動観測機器で、私が研究を始めた2005年頃はプロジェクト開始から数年経過しており、世界中で2000～3000

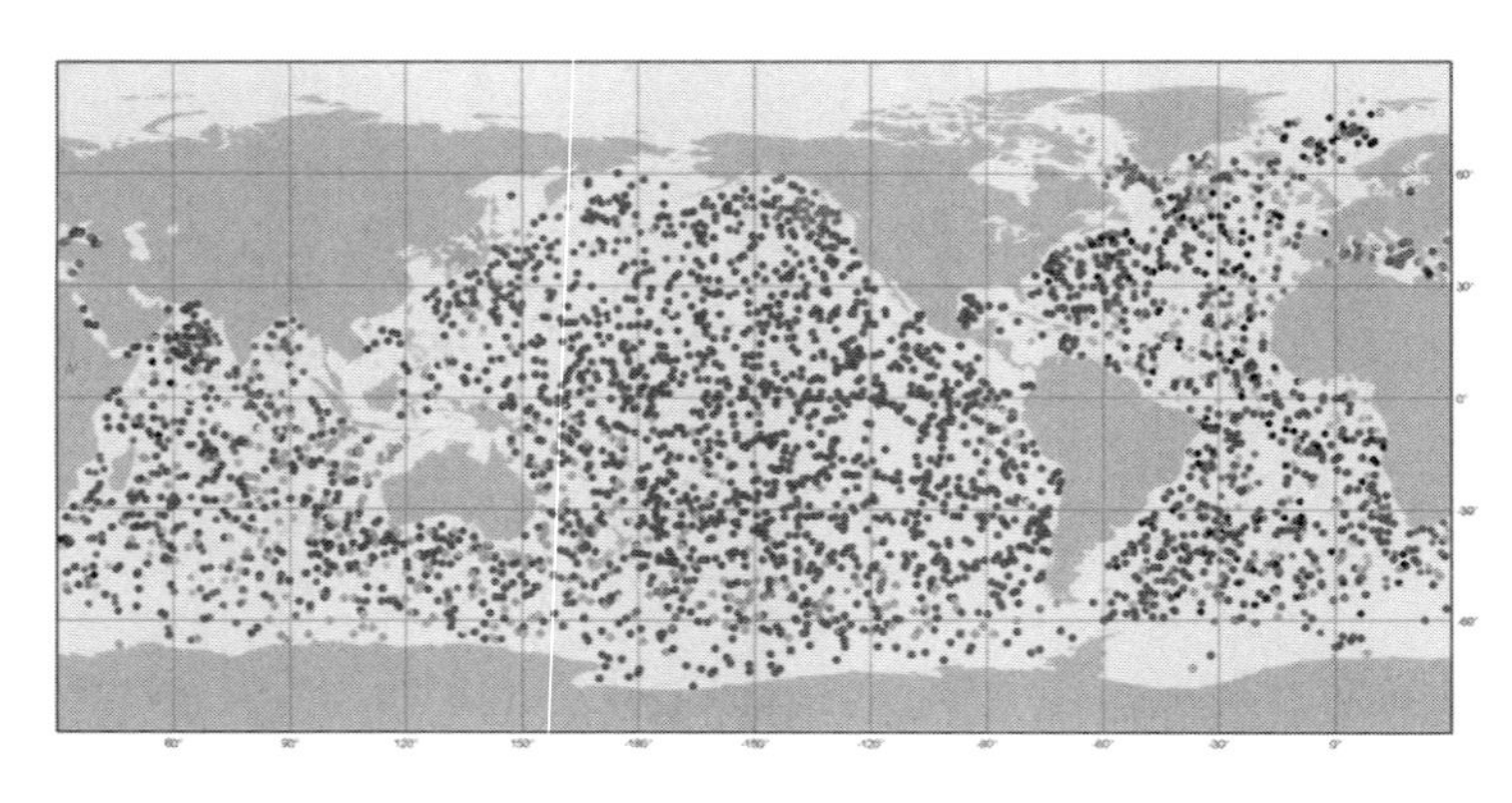

▶**図4・1**　2018年2月時点で運用されているArgoフロート。
http://www.jcommops.orgより。

個のArgoフロートが国際共同で展開されていました（図4・1）。そのため根田先生は、台風の近傍で浮上してきたArgoフロートを集めれば、台風が海洋内部の水温や塩分の構造に及ぼす影響を調べられるのではないかと考えられたようです。

台風と関わりの深い海洋表層のすがた

研究の中身についてお話しする前に、台風と関わりの深い海洋表層の特徴について説明しておきましょう。海面近くの層（おおむね、海面から水深数十メートルまで）は上下によく混ざっており、季節や場所によって異なりますが、水温や塩分はあまり変わりません。これを海洋混合層といいます。それより深いとこ

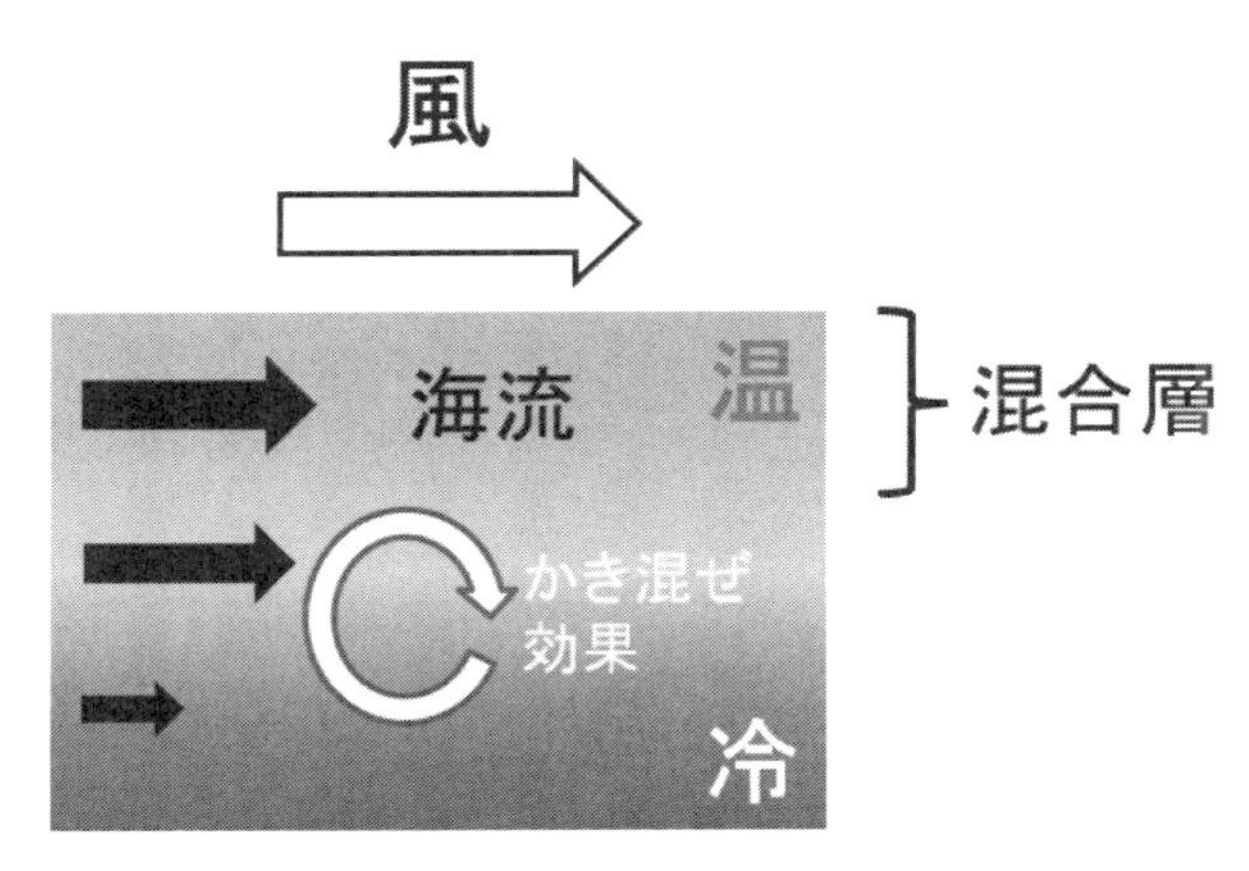

▶**図4・2**　海洋表層で起こる混合。

ろでは徐々に温度が下がっていきます。海洋混合層は夏には薄く、冬には厚いという特徴があります。夏に薄くなるのは、強い日射のため海面付近が暖められて密度が小さくなり、逆に冬に厚くなるのは、海面付近が冷やされて密度が大きくなり重くなって、深いところまで沈むからです。

台風と海洋の相互作用に関連して重要なのは、非常に風が強くなると、海洋混合層は厚さを増し冷たくなるということです。これは、強い風が吹くと、混合層内部の流れが加速され、混合層より下にある冷たい水をかき混ぜ効果で混合層内に取り込むからです（図4・2）。少し専門的にいうと、混合層内とその下で流速が大きく異なるようになり、流速差を解消するよう深いところの海水が混合層の中に取り込まれていくためです。専門用語では、これをエントレインメントとよびます。強い風が吹くと、蒸発により、海面が冷やされるという効果も存在します。扇風機に当たったら、汗が蒸発して、体がひんやりするのと同じことです。ただし、この冷却効果は、エントレインメントに比べるとはるかに小さな効果だと考えられています。

海洋に及ぼすインパクトが解析から見えた

台風通過時に海面水温が下がることはすでに１９５０年代から知られており、それが主にエントレインメントによるものであることも、１９８０年代のJames Price博士らの研究によりわかっていました。しかし、台風が発達する北西太平洋のど真ん中で、荒れ狂う海の様子を船上から観測するのは容易ではありません。また、科学には一般性が必須ですから、たくさんの観測をしないと、海洋でどれだけの変化が起こるのかはわかりません。

そこで根田先生は、Argoフロートのデータが大量に蓄積されはじめているのだから、それを解析すれば、台風の個性や海洋の構造に応じた違いがわかるのではないかと考えられたのです。はたして、その研究に没頭した私は、台風の進行方向の右側で海面水温低下が大きくなっており、混合層の厚みも増していること（これは、近慣性流とよばれる流れが風向の変化と共鳴するためですが、説明が複雑になるので省略します）、また強い台風来襲時や台風通過前の混合層が浅い場合に、台風通過時の海面水温変化が大きいことを明らかにしました。

これらの事実は、例えば、マイアミ大のNick Shay教授が大西洋で航空機から観測機器を多数投下する大型プロジェクトなどにより指摘されていたことなので、大発見というわけではありません。しかし、広い地球上で台風と海洋の相互作用を一度に調べる手段を提案できたという意味では新規性がありました。この卒業研究が終わった後、大学院の修士課程では台風を離れて、まったく別の地球流体力学に関するテーマを研究することになったので、卒業研究に関しては学会発表することも論文にまとめることもなかったのですが、後日、台風と海洋の相互作用の専門家である気象研究所の和田章義さん（『天気と海の関係についてわかっていることいないこと』（２０１６年）に登場）に「あの時点ではArgoフロートを使ってこのような研究をして論文を書いた人は世界中どこにもいなかったのだから、まとめておけばよかったのに」と言われて、嬉しいような残念なような気がしました。

4・2 空と海とのあいだには

台風強度のカギは海面にあり

しばらくたち、修士2年のときに、台風研究に舞い戻るきっかけができました。そのひとつは、同級生だった宮本佳明さんの数値シミュレーションに関する修士論文の中間発表です。数値シミュレーションは次章で示すように、天気予報に使うこともできますが、さまざまな条件を変えて、各要素のインパクトを調べることにも使えます。例えば、温暖化時の影響を見るために、わざと海面水温を上げたり、山岳の影響を見るために山を平地に変えたりといったシミュレーションができます。

宮本さんの場合は、海面を通じた大気への水蒸気供給量と海面における摩擦力を変化させ、台風の強さや構造がどのように変化するかを調べていました（図4・3）。台風のエネルギー源の大半は、海洋表面から大気に供給される水蒸気が上空に達して冷たくなり凝結したときの凝結熱なので（第3章を参照）、水蒸気を仮想的に増やしたシミュレーションを実施すると、凝結の量が増え、台風は強くなります。

台風にとって、海面における摩擦力も重要です。台風状況下では、海面は波浪が発達

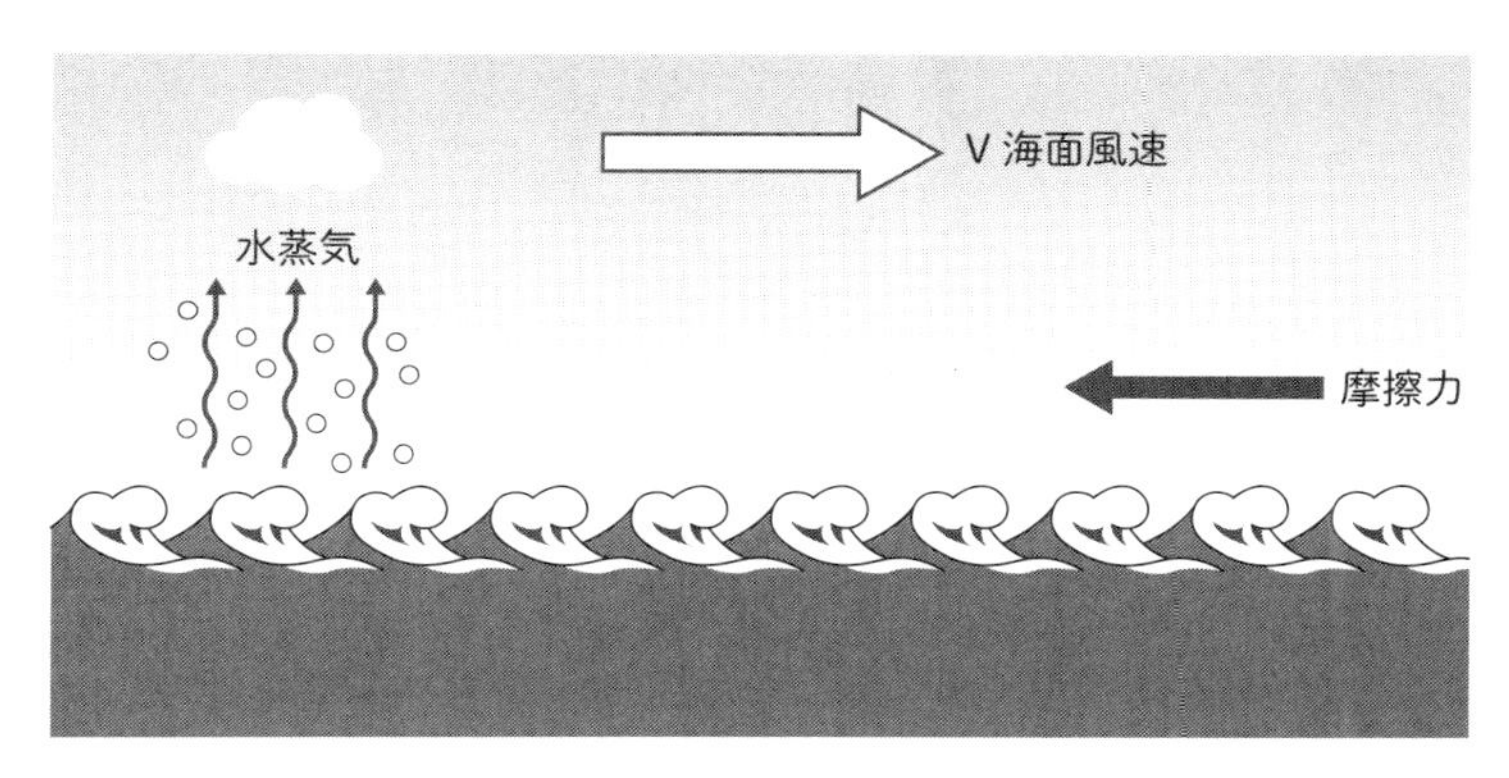

▶**図4・3**　風が吹くと海面での蒸発が起こって大気側が湿る。また、波浪によって、風は摩擦力を受ける。

して起伏に富んだかたちとなります。そのため、大気の流れは、その形状に動きを阻まれて、スピードが遅くなるのです。現実の台風状況下での摩擦は非常に複雑だと思われますが、ざっくりいうと、大気モデルの数値シミュレーションにおいて摩擦力を大きくすることは、波が高いことを想定するようなもので、大気は多くの運動エネルギーを失うため風速は弱くなることになります。逆に海洋側は、作用・反作用の法則にしたがって、大気側の流れが遅くなった分だけ加速されます。これが、海洋内部の混合を引き起こすわけです。

台風の強さにとって、海面における水蒸気供給や摩擦が必要不可欠であることを示したのがマサチューセッツ工科大学のKerry

Emanuel教授によるWISHE（Wind-Induced Surface Heat Exchange：風が励起する海面熱交換）理論です。この理論は、台風の強さが海面からの水蒸気供給と海面摩擦の比に依存することを示しています。宮本さんの数値シミュレーションもWISHE理論の結論を支持していました。ただし、理論や数値シミュレーションで水蒸気供給や摩擦が重要だとわかっても、台風状況下の海面付近での直接観測は非常に危険で、特に強くて凶暴な台風のデータ入手は困難です。一応の推定値はあるのですが、最新の研究結果でも、水蒸気供給や摩擦の強さには誤差が50％程度存在する可能性があります。

観測の難しい台風状況下の海面状態を推定する

宮本さんの中間発表のほかに、私が台風研究に舞い戻るもうひとつのきっかけとなったのが、海洋研究開発機構の杉浦望実さんのセミナーでした。杉浦さんは研究のなかで、データ同化とよばれる技術を用いることによって、地球全体の海面状態を推定することに挑戦していました。データ同化について、誤解を恐れずに簡潔に説明すると、入手可能な観測データの情報を物理法則に結び付けて、観測していない物理量に関しても推定しようというものです。例えば、台風の中心気圧しか観測できなかったとしても、台風の中心気圧と風速の関係から、ある程度、風速の状態を推定することができます。杉浦さんは、これを使って、直接観測のデータが限られている海面状態の推定を行ない、エル・ニーニョの予測に成功していたのです。

2人の話を聞いたあと、私の頭に新しいアイデアがひらめきました。「台風状況下の海面状態は台風の強さにとって重要なのに、観測が非常に難しい。けれども、データ同化を使えば、入手可能な観測データを有効に活用して、推定できるかもしれない。」

いまでもそうですが、思いついたことから順に研究を始めるのが私のモットーです。すぐさま私は、データ同化システムの開発に取りかかりました。幸いなことに、京都大学の海洋物理学研究室は海洋データ同化研究において、世界でもトップランナーのひとつでした。そこで、淡路敏之先生と石川洋一先生に指導をお願いし、この課題に取りかかったのです。

かくして、1年半ほどかけて、基礎となるデータ同化システムができあがりました。そして、少なくとも理想的な条件の下では、台風状況下における海面付近の直接観測がなくても、上空での航空機による観測データが手に入れば、その情報をもとにして海面状態を推定でき、台風強度の再現性も向上させられるだろう、とする論文を出版することができました。

もっと現実的な天気予報をしてみたい

論文が出版されて一息つくと、いろいろと欲が出てきました。真っ先に思いついたのは「気象庁のデータ同化システムに今回の仕組みを実装したら、台風の予報の精度がよくなるのではないか？」ということです。再び、思いついたことから順に研究をしていきたい私は、知り合いを通じて気象庁の方にお願いすることにしました。そして、気象庁予報部数値予報課で数値モデル開発推進官をされていた加藤輝之さん（『天気と気象についてわかっていることいないこと』（2013年）に登場）に、論文の内容についてご理解いただき、気象庁のデータ同化システムに今回の仕組みを実装する共同研究を進めさせていただくことになりました。そういう意味では、論文は名刺代わりの役割を果たしたわけです。

本章を執筆するにあたり、結ばれた共同研究契約の書類をあらためて見直してみたのですが、一大学院生の思いつきから始まったとは思えないほど立派な契約書でした。加藤さんをはじめとする関係者の大人の皆さんに、私の知らないところでご尽力いただいたことは想像に難くありません。

かくして、気象庁の高解像度データ同化システムと格闘する日々が始まりました。システムは複雑かつ精緻につくられているため、なかなか開発は進みません。それでも、多くの方々の協力を仰ぎながら、大学院生だからこそ出すことのできた当時の私の情熱で、最終的には海面状態の推定のアルゴリズムを実装することができました。そして、２０１０年の台風第14号を例として数値実験を行なったところ、この事例に関しては現在のシステムでは強風時の摩擦が強すぎ、水蒸気供給が少なすぎるので、その点を補正することにより、予測精度向上に一定の効果を上げられることを確認できました。台風状況下における海面過程の推定に関する研究は、私にとって、いろいろな意味で世界が広がる研究となりました。

4・3 世界中で盛り上がる台風と海洋の研究

海洋の渦が急発達の必要条件？

時間は少し前後しますが、まだ論文を書く前の２００９年に、北西太平洋における台風と海洋の相互作用に関する国際会議（ＴＣＯＩ）が、韓国の済州島で開催されました。韓国ではちょうど、黄海での大規模な台風海洋相互作用に関する観測プロジェクトが始まったところで、私もそれまでの研究成果について発表を行ないました。ＴＣＯＩでは、台風と海洋の相互作用に関するいくつもの興味深い講演を耳にしました。

そのうちのひとつは、国立台湾大学のI-I Lin先生によるものです。Lin先生は、北西太平洋で台風が急発達する場合、そのほとんどが海洋の暖水渦上で起こっているという事実を発表しました。先ほどお話ししたように、通常、台風が通過する際には、強い風によって海洋内部が激しく混ぜられることなどにより海面水温が下がります。そのため、海上での蒸発は抑制され、台風はエネルギー源たる水蒸気を得にくくなります。すなわち、台風は海洋との相互作用によって、自分自身を弱めてしまいます。これを「オーシャン・フィードバック」とよびます。

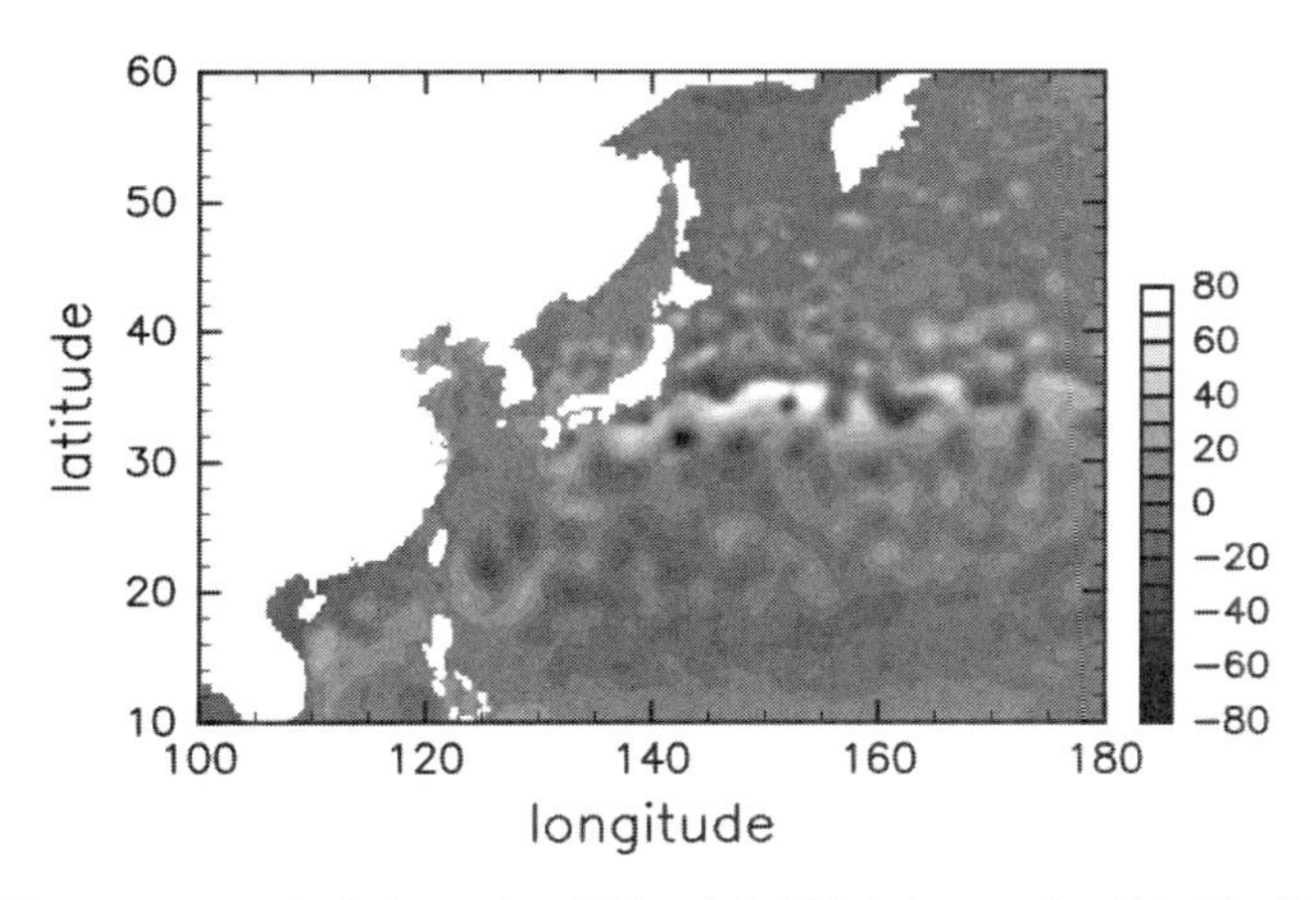

▶図4・4　AVISOと呼ばれる人工衛星により撮られた2014年5月31日の海面高度偏差。北西太平洋に位置する正負のパッチは、それぞれ暖水渦と冷水渦に対応している。
https://icdc.cen.uni-hamburg.de/1/daten/ocean/ssh-aviso.htmlより。

ところが、暖かい海水を擁する混合層が、非常に厚い状態になっている場合には話は別です。強い風が吹いても、厚い混合層全体の流れを加速するのは容易ではありませんし、多少の冷たい水を取り込んだところで、全体が分厚いので大きな水温変化は起こらず、オーシャン・フィードバックが起こりにくいのです。特に、その効果が期待されるのが海洋の暖水渦です。現代では、人工衛星から海面の盛り上がりの様子を観測することで、海洋内部の暖かさを大まかに推定できます（図4・4）。この図からわかるように、海洋上には大気中の高気圧や低気圧と同じように、暖水渦と冷水渦という、数十〜数百キロメートル規模の渦がウヨウヨしています。このうち暖水渦の中では、暖かい海水が深いところまで存在していて、台風通過時でも海面水温は下がりにくく、台風が発達しやすいのです。

当時は、アメリカで猛威を振るったカトリーナやリタといったハリケーンの強さが、海面水温よりも海洋表層の平均水温に関係が深いとする研究が発表された直後でした。そのため、Lin先生の研究も大きな脚光を浴びました。

最先端の波浪モデリング

Lin先生の研究のほかに興味を惹かれたのは、ロードアイランド大学のTetsu Hara先生による、台風状況下の海面波浪に関するモデリング研究です。先ほどお話ししたように、台風状況下の波浪は、摩擦抵抗となることからたいへん重要ですし、高波災害を考えるうえでもとても大事です。

波浪は大きく2つに分けられます。強い風の中で成長する波のことを風波(かざなみ)、風が強いところを抜けて遠くまで到達する波のことをうねり（本州南岸には、はるか遠く1000キロメートル以上離れている台風からでも、高いうねりが到達することがあり、古くから、晩夏に発生する大波のことを土用波（どようなみ）と呼んでいました）といいます。

台風の中心付近で発達する風波は、台風の進行方向の右側前方で最も発達し、10メートル以上の波高に達することもあります。風波が発達するためには、強い風が吹くことや、風向と卓越する波向が同じになること、風によって波が吹かれ続けることが重要ですが、台風の進行方向の右側前方であれば、これらの条件が満たされており、波は発達していくのです。

Hara教授は、このような従来の波浪モデリングからさらに一歩進んで、砕波のシミュレーションに挑戦していました。葛飾北斎の富嶽三十六景「神奈川沖浪裏」に見られるように、現実の波には砕波がつきものです。強風速域では、波がかなりの割合でつぶれてしまい、多くの波しぶきが発生していることが想像されます。むしろ、海面が高波で覆われているのではなく、波しぶきに覆われているのであれば、表面は平らで、台風は海面を摩擦とは感じにくくなるでしょう。これは、波しぶきによる「潤滑効果」と一部の研究者にはよばれています。Hara先生ほか、最先端の波浪研究者は、このような問題に果敢に挑み続けているのですが、実際に台風が海面をどのように感じているかについては、現在にいたるまではっきりとはわかっていません。

このＴＣＯＩのミーティングは私にとってたいへん有意義なものだったのですが、とても残念だったのは、日本からの参加者が少なかったことです。２００９年の開催時には私を入れて3人、２０１１年は私一人でした。台風と海洋の相互作用に関する研究が日本国内でなかなか盛り上がらないことには、いろいろと思うところがありました。

４・４　海が台風を変える

さて、無事に博士号を取得した私は、国立台湾大学の台風動力研究室で台風の航空機観測の活用法について研究したのち（詳細はコラム8）、海洋研究開発機構に就職しました。そのときに取り組んだ仕事のひとつが、スーパーコンピュータ「京」を使って、難しいといわれている、台風の中心気圧や最大風速の予測精度向上を目指すというものです。私は、台風と海洋との関係を長らく研究してきたので、台風の強さを考えるうえでオーシャン・フィードバックの重要性を当たり前のものと思い、台風の大気側の状態と海洋内部の状態を高解像度で予測する大気海洋結合モデルをつくれば、台風の強さの予

▶**図4・5**　高解像度大気海洋結合モデルによって得られた、2012年台風第15号の通過に伴う海面水温の低下。

報精度は確実によくなると確信していました。

しかし、このことは必ずしも研究者の一般的な常識とはなっていませんでした。というのも、大気と海洋の相互作用は数週間以上の長い時間スケールで起こるものとみなされており、加えて日本では研究人口が少ないこともあって、台風海洋相互作用は、その分野の存在自体がまだ多くの人に知られていなかったのです。いくつかのケースについては結合モデルを用いた研究がすでに行なわれていましたが、研究者というのは（いい意味で）疑り深い人種なので、生半可な結果では納得してくれません。そこで私は、スーパーコンピュータ「京」のパワーを使って、とにかくたくさんの事例で予測を行ない、台風海洋相互作用

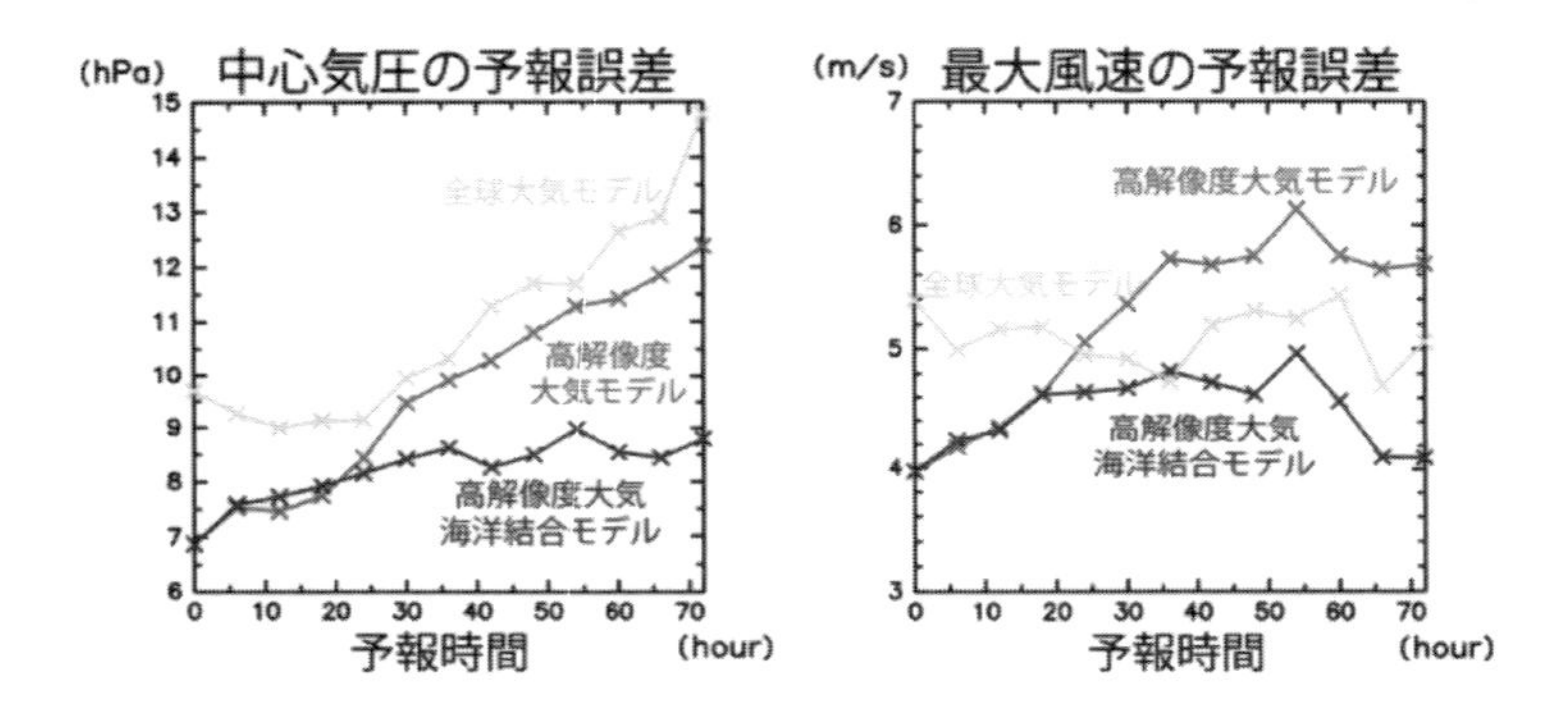

▶図4・6　281回のシミュレーションにもとづく、予報時間ごとの台風の中心気圧の予報誤差と最大風速の予報誤差。

のインパクトに説得力をもたせようとしました（図4・5、口絵2）。

この研究に取り組むにあたって、気象研究所の和田さんと相談し、現在の気象庁の高解像度非静力学モデルに、単純な海洋混合層の影響を加味することにしました。それまでの経験もあり、基本となる部分は1ヶ月ほどで完成させることができました。そして、何より驚くべきはスーパーコンピュータ「京」の威力でした。通常であれば数ヶ月かかるような281パターンの大規模な数値実験をわずか1日半で終えることができたのです。その結果、高解像度大気海洋結合モデルを使うと、日本付近の台風の強さに関しては20〜40％もよい予測を出すという成果を比較的短期間で得ることができました（図4・6）。

4・5 海がわかれば未来が変わる

台風の強さの予報はどんどん当たらなくなっている？

大気海洋結合モデルを用いた研究が佳境を迎え、その成果を気象学会で発表した際、ある方に質問されました。「大気と海洋を結合すると台風の強さの予報精度がよくなるのはわかったけど、これまでの気象庁の中心気圧や最大風速の予報だって、だんだんよくなってきてるんだよね？」。アメリカでの過去の実績として、あまり改善が見られていないことは知っていたので、質問された方にはそのことを説明したのですが、恥ずかしながら、日本の気象庁の予報成績がどのようであったかを知らずに台風予報の研究をしてきたことに思い当たりました。少し調べてみると、過去の強度予報誤差を包括的に分析した研究は見当たりません。そこで、2014年に琉球大学に異動したのち、最初に取り組んだのが、気象庁の台風予報の成績を整理することでした。

気象庁には台風センター（現在は、アジア太平洋気象防災センター）という組織があり、１９８９年の設立以来、日本を含む北西太平洋の各国に向けて台風予報の情報を提供しています。そして、毎年、その予報の結果をAnnual Reportという冊子にまとめています。そこで、学生さんと協力して、その冊子をもとに、26年分の台風予報誤差のデータベースをつくったところ、にわかには信じがたい結果が出てきました。なんと「台風の中心気圧や最大風速の予報誤差は年々増加している」というのです（ただし、これは強度に限った話で、台風の進路予報は長期的に見て改善傾向が続いています）。おっちょこちょいである私は、真っ先に自分自身のミスを疑い、複数の学生さんや技術補佐員の方に再チェックをお願いしました。しかし、どうやら間違いないということがわかったのです。

急発達する台風の割合が増加している

台風の強さを数値モデルで再現するためには、高解像度の計算を行ない、大気と海洋の両方の状態を予測をするのが望ましいといえます。しかし、現状では、計算機資源の制約のため、解像度は不十分であり、大気海洋結合もされていません（現在の台風予報の仕組みについては次章を参照）。そのため、台風の強さの予報精度が改善していないということならばまだ理解できます。しかし、強度予報の誤差が増えているというのは、何かがおかしいのです。唯一考えられるのは、２００７年11月に台風モデルと呼ばれる台風専用の数値予報モデルが廃止されたことでしたが、強度予報が外れがちになっていくのはそれより前の時期からで、理由はほかにあるように思われました。

分析を進めたところ、２００５年から２０１４年の10年間は、それより前の期間に比べて台風の急発達の発生率が急激に増加していることに気づきました。これには、たいへん驚きました。台風の急発達は――ここでは24時間以内に最大風速が15ｍ／ｓ以上速くなったものを指します――予測がとても難しいとされており、急発達を予測できないと、大きく予報を外すことになります。つまり、この数十年間で自然界が変化し、急発達する台風が増えてきたことで、強度予報が近年、徐々に難しくなってきたことが理由として考えられるのです。

それでは、なぜ、急発達をする台風が近年増えてきたのか、ということですが、その理由ははっきりとはわかっていません。しかし、この急発達率増加のパターンを見て私は、現在台湾の国立中央大学にいるIam-Fei Pun先生の研究を真っ先に思い出しました。彼は２０１３年に、台風の急発達する海域で海洋表層の水温の高い領域が過去20年間で徐々に増加していることを示していました。そして、そのパターンが、今回発見した急発達率の増加のパターンによく似ていたのです。すなわち、北西太平洋の台風急発達が起こりやすい海域で、海洋表層の温暖化が進んできたため、急発達の頻度が高くなったことが原因のひとつとして考えられるのです。横浜国立大学の筆保先生との最近の共同研究でも、台風の急発達率と関係のある物理量を探る研究を行なっていますが、やはり海洋表層の水温と急発達には深い関係があるようです。

ただし、話は単純ではなく、急発達率はエルニーニョ現象やラニーニャ現象にも関係が深いこともわかってきました。北西太平洋における台風の発生数は減少傾向にあるという研究もありますが、強い台風の発生する割合や急発達率は増加傾向を示しています。

これらのテーマは現在進行形の最新のトピックであり、台風の発達と海洋表層の温暖化の関係も、現時点ではあくまで私たちの推測にすぎません。しかし、気候変動に伴う可能性のあるこのような現象は、防災上も重要な監視対象であることから、今後も研究を続けていきたいと考えています。

よりよい予報のために、大気と海洋を見つめる

また、強度予報の誤差の傾向を分析したところ、台風通過前の海洋内部の水温（海面から水深100メートルまでの平均値）が低いときには台風を強く予報しすぎてしまい、水温が高いときには弱く予報しすぎてしまうこともわかりました。逆にいうと、台風が通過することが予想される海洋表層の水温を監視しておけば、より正解に近い予報が出せることを意味します。ここまで説明してきたように、台風の強度は、海面水温と同様にあるいはそれ以上に、海洋内部の平均水温に関係が深い量です。そのため、海洋内部の情報を有効活用することで、まだまだ予報改善のポテンシャルがあるということです。

じつは、私がこの研究を行なっていた時期に、気象庁でも新システムの開発が進んでいました。私が強度予報誤差の分析に関して論文で発表を行なったのち、2017年から試験的に大気・海洋の両方の物理量の情報を生かした強度予報が開始されており、それは大きな効果を上げつつあります（第5章参照）。

以上、駆け足ですが、私がこれまで研究してきたことを軸に、台風と海洋の相互作用について紹介してきました。私がこの分野の研究を始めた10年ちょっと前に比べると、台風を、大気側の現象としてではなく、大気と海洋がつながった大気海洋結合システムに

おける現象としてとらえるべきだという認識が徐々に広まってきたように感じています。特に海面の観測は難しく、課題も多く残されていますが、この奥の深いテーマについて興味をもって挑みつづけていきたいと考えています。

4・6 まとめ

この章で話したことのポイントをまとめると、次のようになります。

- 台風は、海面を通じて水蒸気の供給を受け、それを主なエネルギー源としている。また、波浪などを摩擦として感じて風速は遅くなり、逆に、海洋側は運動エネルギーを受け取って加速される。
- ただし、海面を通じた水蒸気供給量や、摩擦力の台風状況下での実測は非常に難しく、数値シミュレーションに使われている値にはかなりの不確実性がある。
- 海面近くには、水温や塩分がほぼ一定の海洋混合層とよばれる層がある。台風が近づいて強い風が吹くと、混合層内の海水はそれより下にある冷たい水を混ぜ込んで取り込むため、海面を含めて混合層全体が冷たくなる。

- 台風通過時に海面水温が下がるため、台風は自身が受け取る水蒸気の供給量を減らし弱まる。これをオーシャン・フィードバックという。混合層が厚く全体が暖かい場合にはこの効果は小さいため、台風の急発達は、海洋の暖水渦上で起こりやすい。
- 台風の強度予報は従来、大気側の情報や海面水温をもとにして行なわれてきたが、台風を大気海洋結合システムにおける現象としてとらえ、海洋内部の情報を積極的に用いるほうがよい強度予報を出せることが、徐々に認識されつつある。
- 近年、台風の急発達事例が増えており、海洋表層の水温の高い領域が北西太平洋で増えていることに関係している可能性がある。

column 7

おもろいこと小論

「なぜ台風の研究者になろうと思ったのですか?」と聞かれることがあるのですが、理由は複数あって、どれを答えるのかは、その日の私の気分と場の雰囲気によります。

代表的なものを挙げると「人の命を救えるような仕事につこうと思ったから」「台風という渦に奥深さと魅力を感じたから」「何か新しいものを発見したいという欲求があったから」「京大で地球科学を教えている酒井敏先生の授業が好きだったから」「楽しいことをして給料をもらう以上、世の中に貢献できることをしたいから」「社会に出るのが怖かったから」「大学生のときに、気になっていた女の子に台風に関する質問をされて、かっこよく答えてやろうと思って必死に調べたから」といったところでしょうか。

最後の2つは人前で胸を張っていえることではないのですが、案外、不純な動機に基づく部分もあったから、こんなに長続きしているのではないか、という気もしています。

私の父親はそもそも変わった農家で、ある年など、田んぼに直播きして稲を育てようと思い立ったらしく、それを自分の田んぼで実行に移しました。直播きは、今でこそ、育苗・田植えの手間がいらないことから注目を集めていますが、当時、周囲の農家の皆さんにはほとんど理解されなかったようです。なかなか成果の出ない直播きに業を煮やした祖父と大げんかになり、最終的には無理やり祖父が刈り取ったとのこと。一方で、失敗ばかりしていたわけでもなく、試験場や他県にもたびたび出かけて勉強を続け、秋田で初となる（？）エノキの培養に成功したりもしています。

型通りでない生き方をする人がいることは、なかなか理解されないことかもしれませんが、世界を広げるのはそのような人のおかげという側面もあるのでしょう。私が変な研究をしたいという気持ちに駆られるのは、父親の血を色濃く受け継いでいるためなので、どうぞそのようにご理解ください。

自然な流れとして、私は自由な学風で知られている京都大学に早くから憧れ、幸いにして一浪ののち理学部に入学することができました。その一浪のあいだもまったく無駄ではなく、ニーチェや太宰治に傾倒していた古市君と夜通し議論し、新たな価値観に触れることのできた貴重な1年間となりました。

入学当初は、自由というものが何なのかを追い求めるため、ひとまず、てんでばらばらのことをしてみようと考えました。サークルは、野球と能楽（これは師匠と弟子という関係が自分に合わないことから長続きしませんでした）、一人旅同好会（ネーミングからしてふざけています）に所属し、10日間かけて香港から桂林まで自転車で出かけたり、1万円台のアパートをなぜか3軒借りていたこともあるし（その日の気分で住む家を変えていた）、1週間学校を休んで台湾に行ったり、栄養失調で倒れたり、卒業式で仮装したりしていました。

大学の学部生の間は、地球科学の授業を担当されていた酒井先生にお世話になり、研究室にも頻繁に出入りさせていただきましたが、「大学が楽しいので、留年して5年で卒業しようと思います」と先生に言ったら、酒井先生に「そういうやつは卒業に6年かかるんだよな」と言われてしまいました。結局、酒井先生の予想は外れ、私は、京都大学理学部を無事に（？）5年で卒業したのですが、大学院まで入れて京大には合計10年もお世話になりました。

今になってみると、負担をかけまくった親にはたいへん申し訳ない気持ちでいっぱいですが、おかげで楽しい研究を思いついた順にこなしていく魅力に、今もとりつかれたままでいることができます。そのような例として、これまで伊藤が行なってきた研究としては、競馬の確率論に関する論文や、地震学分野の皆さんとの共同研究で進めている天気予報の応用研究などが挙げられるでしょうか。

もちろん、現代を生きる研究者として、社会性を身につけることも重要ですし、私が社会のニーズに応じたテーマで研究をしていることも事実です。実際、台風海洋相互作用や台風予報の精度向上に関しては、重要なテーマでありながら研究者人口が日本には多くないので、これからも主要テーマとして頑張っていきたいと思います。

しかし、それらの研究に混ぜ込むかたちで、適度なバランスでもって、ときに、変な研究をしでかして世に送り出すことは、社会の豊かさを保つために必要な行ないではないかと思っています。いや、そんな高尚なことではなく、「それおもろいやんけ」という自己満足があるだけなのかもしれないのですが。

残念ながら、最近はおもろげな研究をする時間もあまり取れなくなってきましたが、本業の傍ら、ときにはあらぬ思いつきに突っ走り、おもろい研究結果を世に送り出して「あれは伊藤さんのやることだからしゃーない」と思われるようになるとすれば、理想とするスタイルといえるのだろうなと思います。

column 8

Fly away fly away over the sea

さて、博士課程ももうすぐ終わりという頃、私は研究者としての職を探していました。最初の論文が出版されて、それを名刺代わりにいろんな学会に出向いていましたが、ある国際学会で国立台湾大学のChun-Chieh Wu教授とお会いすることができました。Wu先生は、マサチューセッツ工科大学のKerry Emanuel教授のもとで博士号を取得したのち、2003年に37歳の若さで、台湾での台風の航空機観測を始めたという、非常にエネルギッシュな先生です。じつは、修了当時、ちょうどいい職が日本になく、自分が航空機観測を博士論文で扱って憧れていたこともあり、メールで連絡してみたところ、たまたまWu先生がポスドクの募集をしている時期だったのでポスドク研究員として採用していただくことになりました。

国立台湾大学では、どこで航空機観測データを手に入れると台風の予報がよくなるのかを解析する手法の開発に取り組みました。滞在期間中は、研究内容についてはもちろんですが、研究以外の点でも多くの点で学ぶべきところがありました。

第一に印象深かったのは、週1回のミーティングの際には、必ず秘書さんがおやつを用意していたということです。日本では、全員が真顔でやるミーティングしか見たことがなかったので、ある意味、これは衝撃的でした。みんなでおやつをつまみ、ときには食べ物を口にほおばりながら、下級生から教授まで、分け隔てなく自由闊達に議論が進んでいきました。

また、ほかに印象深かったこととして、海外との交流が深かったことも挙げられます。当時、国立台湾大学の大気科学系の研究室には、複数の博士課程の学生や博士号取得希望の学生がいたのですが、その多くは、1年以上の留学経験をもっており、あるいは、留学した先で博士号を取得することを強く勧められていました。これは、台湾の大学の歴史的な背景もあるとは思うのですが、このことは研究者となってからの人脈の広がりに大きく影響してきます。また、Wu先生や学生さんの個人的なつながりで、月に1度以上は、海外の研究者が台湾大学を訪れていて、そのたびにその研究者の方との間で意見が交わされるのも印象的でした。

国立台湾大学にいたときに、唯一後悔したことがあります。それはWu先生に「伊藤さん、航空機に乗らない？」と言われたときのことです。台風の航空機観測については第1章に詳しくまとめられているのですが、正直、Wu先生に搭乗を誘われたときは唐突すぎて、考える時間もなく、私は驚きのあまり、それを断ってしまったのです。私が国立台湾大学で働こうと思ったのは、航空機観測にあこがれたからだし、航空機観測プロジェクトDOTSTARは2003年の発足当時からすでに8年が経過して、特にトラブルもなく進行していたことは知っていました。しかし、ビビりな私は言い知れぬ恐怖を感じ、おじけづいてしまったのです。やがて、日本に帰国することになりましたが、その当時は、日本で航空機観測が始まる気配はみじんもなかったので、私は、大きなチャンスを逃してしまったと考えて、あのときに断ったことを長らく後悔しつづけました。

2017年に坪木和久先生の科研費プロジェクトT-PARC IIの枠組みで、日本初の航空機観測が台風第21号（Lan）に対して実施されることになったとき、私も予測改善を目指すシミュレーションのメンバーとして加えてもらいました。普段は理論的研究や数値シミュレーションばかりで、観測的研究なんかしたことのない私が、皆さんにご迷惑をかけることを承知で、台風Lanが近づいたあの日に「ぜひ航空機観測に行かせてください」と言えたのは、あのときの後悔をずっと引きずっていたからです。

そして、2017年10月21日、運命の日に6年越しの思いを胸に参加した航空機観測は、壁雲の貫通飛行というおまけもついて、私にとって一生の経験として忘れられないものになりました（詳細は第1章）。

Wu先生からもすぐさま連絡があり、Congratulations!と言っていただきました。6年越しで、台湾から引きずってきた足かせをようやく外すことができたような思いです。この貴重なデータはすでに解析を進めていて、まだ公にできないのですが、いくつかのことがわかってきた段階にあります。それにしても、自分が取ってきた観測データはこんなにも愛おしいものなのですね！

column 9

台風研究者イトウの一日 スマホのない生活

学生のときは、昼の2時ぐらいに大学の研究室に行き、深夜2時頃に家に帰るのが常態化しており、何か変なアイデアを思いついたときには、朝まで作業をすることがよくありました。

大人になってからはだんだんと規則正しい生活になり、特に、子供が幼稚園に行くようになってからは、朝型生活が習慣化しています。最近は、だいたい6時に起きて、6時半には家を出るようにしています。大学の研究室についてからは、午前中は研究や執筆、論文読みなど、高い集中力を要する作業を中心に時間を使い、メールはごく短時間で返せるものだけを返します。疲れたら、そのタイミングでコーヒーを飲んでまったりします。午後は、書類の整理やメールの処理、事務仕事、学生さんの相手などをします。夜は6時半ごろには大学を出て、家族とゆっくり過ごし、お酒は、3歳の息子がついでくれるビール1杯でおしまいです。娘・息子と相撲やらプラレールやらを楽しんで寝かしつけたのち、ほぼその直後の夜10時ぐらいには寝ます。

ここ1年ぐらいは、家にはパソコンを置かず、ノートパソコンも持ち帰っていません。パソコンが家にあると、つい日々の残務を片付けたくなって、結局深夜に及んでしまい、次の日を無駄にしてしまうからです。もし、どうしても締め切りに追われて深夜に仕事をしなければいけないときは、その後、2日間は自分が使い物にならないことを覚悟して臨みます。

携帯もスマホではなくいまだにガラケーです。これは、スマホを持っていると遊んでしまう自信があるからです。いまのところ生活に不自由することはないのですが、スマホの面白い機能を人から教えてもらっては、羨ましく思ったりもします。

いまでも、年に1度ぐらいは学生時代と同じように、夜中に変なアイデアを思いつき、いてもたってもいられなくなることがあります。そんなときは、思い切って夜中に大学に行って、朝まで作業をすることにしています。こればかりは、どうせ気になって興奮して寝られないのだからしょうがありません。本当に楽しいことは、疲れるものだと思ってあきらめています。

column 10

競馬モデリング

　大学院に行くことを決めた私は、学費のことで親に負担をかけたくないと思い、不労所得を得ようと、競馬の予測ソフトづくりに着手しました。調べてみると、欧米では、競馬に関する数多くの数学的研究があるようですが、日本にはそのような研究がほとんどありませんでした。「競馬の数学を研究して、大学教員になれるなんて羨ましいなあ」と思いながら、その原理を理解し、日本中央競馬会のWebでの自動投票システムに応用することを考えました（私がこの研究を始めたのは、すでに学生が馬券を買うのがＯＫになった時代でした。念のため）。

　気象モデルと競馬モデルの大きな違いは、気象モデルの場合は物理法則に基づいた基礎方程式を根拠として定式化を行なうのに対し、競馬モデルの場合にはそのような物理法則がないことです。そこで、いくつかの条件を満たす複数の統計モデルを提案し、過去のデータにフィットするものをよい予測モデルとして選ぶのです。例えば、単勝馬券（1着を当てる馬券）の売り上げの割合が、1着になる確率に等しいとし、馬の速度が正規分布をしているという統計モデルを用いれば、さまざまな馬券の確率が出力できます（ただし、この確率は真の確率ではなく、仮定の妥当さの範囲での信頼性しかもちません）。競馬モデルが予測した確率にオッズを掛けて、期待値が1を超えるものを購入し、超えないものは買わないことにします。

よくある誤解のひとつが「多数の購入を繰り返すと、必ず支払った金額と受け取る金額の割合は一定の値に収束する」というものです。これは、サイコロのように、ランダムさだけが支配する世界では正しいのですが、オッズは馬の能力ではなく、人間が買うかどうかに依存するので、人間がうまく買えないバイアスがある場合には勝てる見込みがあります。

例えば、私が「12レースバイアス」と呼んでいるものがあります。中央競馬では、たいてい、11レースがメインレースなので、多くの観客が予算の大半をここで使ってしまいます。しかし、中央競馬ではたいてい12レース目があるため、メインレースで予算を使った観客はなんとかしてお金を取り戻そうと、絶対に勝ちそうもない馬に残りの金額を費やす傾向があります。ならば、12レースでは強い馬が実力に比して買われていないわけですから、本命の馬にかけたほうがお得ですよね。

私はつくったソフトウェアをWebサイトで公開し、自分でも運用していましたが、それによっていろいろなことが起こりました。お話しできる範囲でいうと、その手の会社に就職を誘われたり、インタビューを受けたり、東京競馬場に招待していただいたり、数学者の方と議論する機会ができたりといったところでしょうか。いまだに一部の方からは、台風の伊藤さんとしてではなく、競馬数学の伊藤さんと認識されている節もあります。

ソフト自体の勝率はそこそこでしたが、毎

週のプラスマイナスに気分を左右されるのはかなりのストレスでした。大勝ちした週はよいのですが、大負けした週は気分が最悪なのです。これは精神衛生上、研究にもよくないなと思って、最終的には論文にまとめて、キレイさっぱり足を洗いました。

ただ、このときに身につけた知識は、現在の研究にもちゃんとつながっています。というのも、天気予報には確率論的な側面がありますし、最近はやりの機械学習だって、ベースは一緒だからです。「変なことに熱中していると、いろいろなことが起こるもんだなあ」と不思議な縁を感じるできごとのひとつです。

第5章

気象庁vs台風

——台風予報の最前線

山口宗彦

赤道から北緯60度、東経100度から180度、南シナ海を含むこの北西太平洋域に台風が存在する場合、気象庁は台風情報を発表します。24時間以内に台風が発生、および北西太平洋域に進入してくることが予想される場合も台風情報を発表します。進入とは、例えば中部太平洋域で発生した熱帯低気圧が北西太平洋域に入ってくるような状況です。気象庁は、世界気象機関（WMO：World Meteorological Organization）の枠組みのもと、北西太平洋域の熱帯低気圧に関する地域特別気象センター（RSMC：Regional Specialized Meteorological Center）に指定されており、領域内の国や地域が実施する熱帯低気圧の解析や予報作業を支援するという国際的な役割も担っています。

気象庁内には、台風に関連した業務を行なう部署が数多くあります。解析や予報を担当する予報課はもちろん、予報の基盤となる数値予報プロダクトという資料を作成する数値予報課、台風に伴う高潮や波浪を担当している海洋気象情報室、台風に関する多方面にわたる国際調整を行なう国際室など、さまざまです。

気象研究所の台風研究部もそのひとつで、台風に関する基礎研究から応用研究まで、総勢12名の「部員」で台風研究を行なっています。予報課や数値予報課など庁内の関係部署や国内外の大学・研究機関と連携をとりながら、気象庁の解析や予報の精度向上につながる研究を進めています。

この章では、気象庁における数ある台風に関する業務のなかで、「解析作業」と「予報作業」について、その国際的な動向や最近の研究動向にも触れながら紹介します。また、将来的な課題についても研究者という立場から考えてみたいと思います。「気象庁vs台風」のよもやま話、しばらくの間おつきあいください。

5・1 台風の解析

台風の中心気圧、誰が測っている？

気象庁における重要な台風に関する業務のひとつは、台風の解析です。台風がどこに、どの程度の強さで存在しているのかを決める作業です。

どこに台風が存在するのか？　これはかなり正確に、また見逃すことなく解析することができます。テレビの天気予報などでお馴染みのアレがあるからです。そう、気象衛星「ひまわり」です。「ひまわり」は北西太平洋全域の雲画像を常時我々に届けてくれます。この画像を見ることにより、どこに台風が存在するのか一目瞭然で解析できるのです。東京・大手町の気象庁本庁の3階、予報現業室では常に「ひまわり」によって観測された雲画像がモニターに映し出され、担当の予報官が随時チェックしています。

次に、どの程度の強さで存在しているか？　ですが、これがけっこうやっかいなのです。というのも、海上の台風の中心気圧や最大風速を直接的に観測したデータは基本的にありません。そこで、第1・2節でも登場したドボラック法とよばれる手法で強度を推定します。ドボラック法とは、気象衛星による雲画像、つまり雲パターンから強度を推定する手法です。ちなみにこの手法は、気象庁だけでなく熱帯低気圧の解析を行なっている世界のどの気象局でも採用されている標準的な手法です。

アメリカでは、航空機を使用したハリケーンの直接観測を実施しています。しかし、常に観測を行なっているわけではありません。ですので、ドボラック法による解析と航空機観測による解析を併用しています。

台風強度の不確実性

ドボラック法による強度解析には、どの程度誤差が含まれているのでしょうか？　1987年までは、北西太平洋域でも米軍によって台風の航空機観測が行なわれていました。この直接観測が行なわれていたときの台風の中心気圧とドボラック法による強度解析を統計的に調査した研究があります。これによると、ドボラック法は台風の強度解析に有効な手法である一方、図5・1に示すとおり、誤差幅はけっこう大きいのです。

気象衛星だけによる観測データを用いて解析した場合と、それに加えて航空機観測を利用した場合とで、解析の不確実性がどの程度減少するのかを定量的に調べた研究があります。この研究によると、中心気圧の解析では、航空機観測を用いることで不確実性は半減しました。また、別の研究では、衛星観測だけの場合は25％の割合で中心気圧の解析誤差が10ヘクトパスカル以上となりますが、航空機観測を用いると2％となることを示しています。

ドボラック法を悪者扱いしているわけではありません。航空機観測のような直接観測がない限り、常時強度解析を可能にするのは、現状ではドボラック法が唯一無二の手法なのです。一方で、図5・1に示したとおり、ドボラック法による強度解析には誤差が

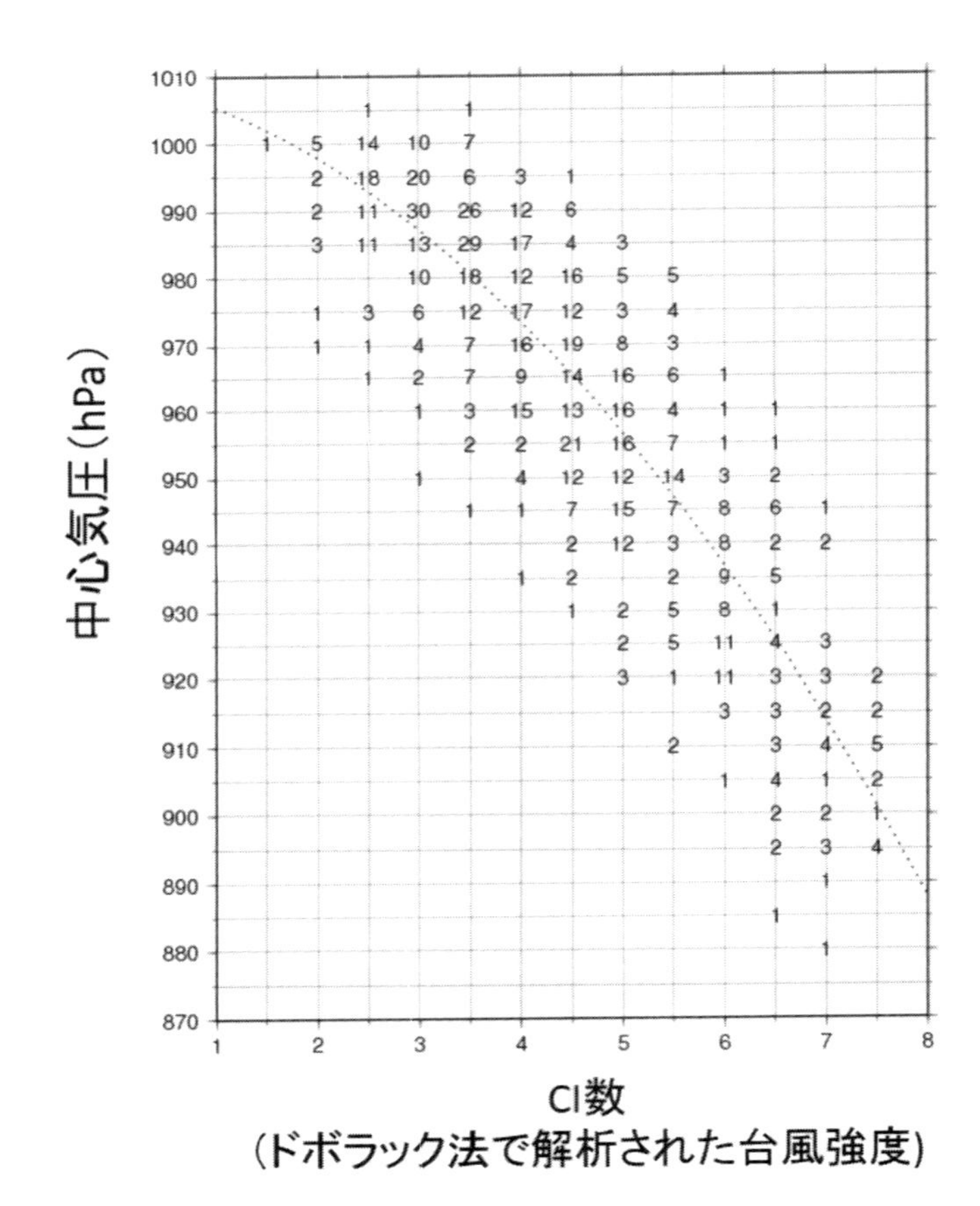

▶**図5·1**　CI数と台風の中心気圧の関係。CI数は、ドボラック法で解析される数値で、数値が大きくなるほど熱帯低気圧の強度は強くなる傾向がある。同じCI数でも、解析される中心気圧には幅があることを示している。たとえば、CI数が4.5の場合、中心気圧が930 hPaのこともあれば(1事例)、965 hPa（14事例）、995 hPa（1事例）のこともある。全事例数は855。点線は二次回帰曲線。木場ほか（1990）をもとに作成。

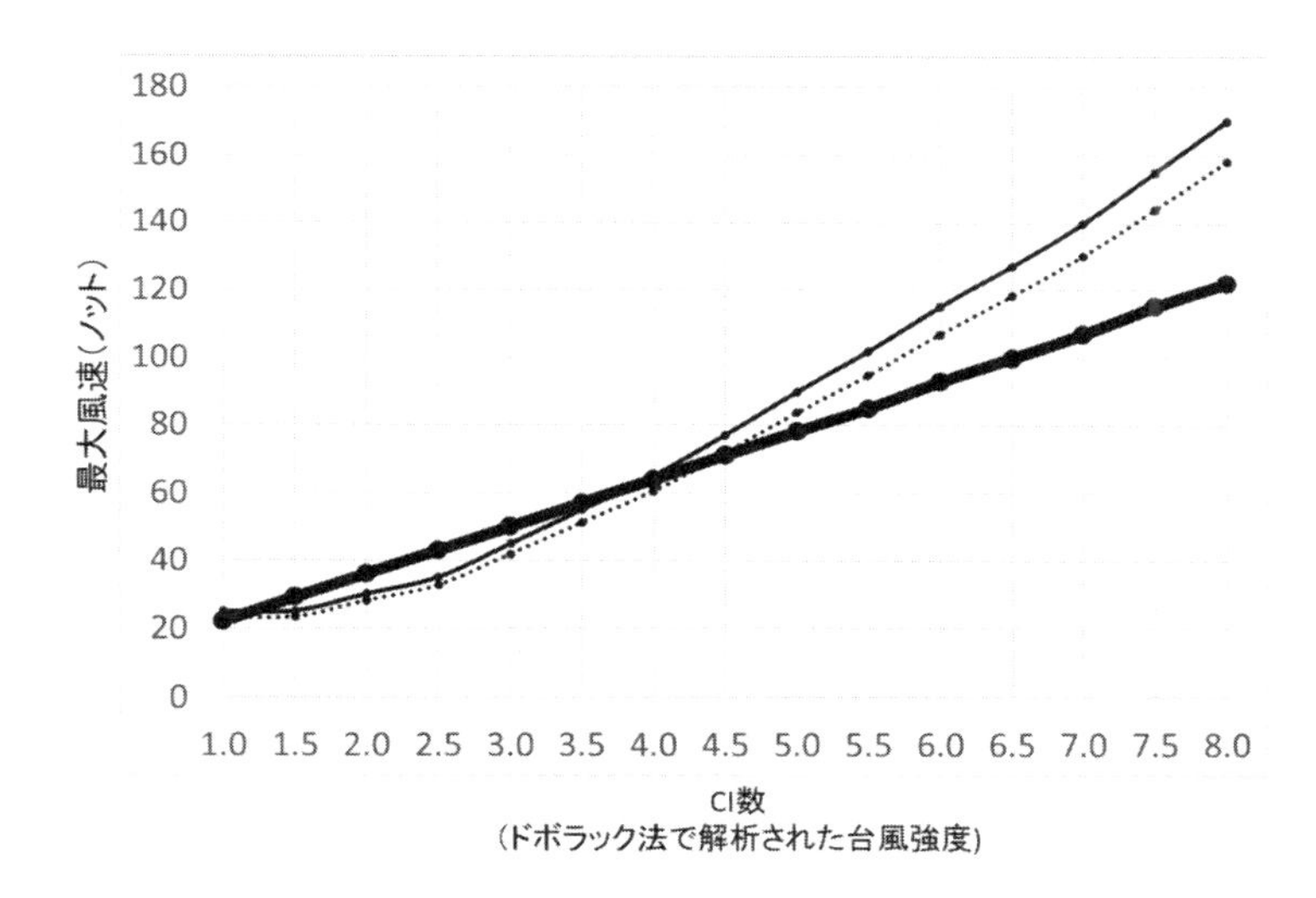

▶**図5・2**　CI数と台風強度（最大風速）の関係。実線と破線はJTWC、太線は気象庁で用いられている関係。実線と破線の違いは、実線が1分平均風速、破線が1分間平均風速を10分間平均風速に変換した結果。

つきものであるということを認識しておく必要があります。

もう1点、触れておかなければならないドボラック法による強度解析の注意点があります。先に述べたとおり、ドボラック法では雲パターンと強度が紐付けられています。雲パターンを強度へと変換する表があるのです。しかし、必ずしもどの気象局でも同じ表が用いられているとは限りません。例えば気象庁では、図5・1に示した調査によって作成した表を使用していますが、米軍の合同台風警報センター（JTWC：Joint Typhoon

Warning Center）はドボラック氏が提案した表（大西洋のハリケーンを対象として作成した表）を使用しています。両者の差は特に強い台風ほど大きく、ＪＴＷＣのほうが強い台風として解析する傾向にあります。

最大風速の定義について、気象庁は10分間平均、ＪＴＷＣは1分間平均を用いるという違いがあります。そこで、ＪＴＷＣの1分間平均を10分間平均の風速に変換する係数を掛けて、同じ土俵の上で比べてみます（じつは、この風速の変換手法自体にも不確実性、議論の余地がありますが、ここでは深入りはしません）。図５・２に示すとおり、この変換を行なったとしても、両者の違いがなくなるわけではありません。なので、同じ時刻に解析された同じ台風に対して、強度が大きく異なる解析結果が得られることになるのです。ちなみに、「10分間平均」というのは世界気象機関標準の風速の取り方であり、日本を含む多くの気象局はこれに準拠しています。

我々の子孫のために……

気象庁における台風の解析作業でもうひとつ重要な仕事は、台風の解析結果を蓄積する業務です。そのデータはベストトラックとよばれていて、気象庁では１９５１年からデータがあります。ちなみにベストトラックはＪＴＷＣや中国でも作成されています。また北西太平洋域外でも、その海域に属する主要な気象局が作成しています。

強度解析結果の気象局間の違いは、近年特に注目されている気候変動の問題へも影響を及ぼします。気候変動にともない熱帯低気圧の数や強度がどのように変化するのか、またこれまで変化したのかに関心が高まっているのですが（詳細は第6章を参照してください）、検証に使用するベストトラックによって変化傾向が異なるのです。例えば、図1・7に戻って、気象庁が解析したデータでは強い台風の数に増加傾向は見られませんが、ＪＴＷＣが解析したデータでは増加傾向が見られるのです。過去の増加傾向に関してまったく違った検証結果になるほど、気象局間のベストトラックは異なっているのが現状です。これでは、気候変動と熱帯低気圧の関係を十分な信頼度をもって理解することは困難です。

図1・7に関して、先に述べた雲パターンから強度へと変換する表の違いが大きく寄与しているのは間違いありません。これに加え、ベストトラックの均質性にも原因がありそうだという研究もあります。時代の変遷とともに利用可能な観測データは異なります。新たな観測データが得られるようになったり、既存の観測でも精度が上がったり解

像度が上がったりします。例えば１９９０年代のＪＴＷＣは、マイクロ波とよばれる新たな衛星観測データの利用により、それまでよりも台風を強く解析する傾向があったという調査結果があります。このようなバイアスは図１・７のようなトレンドの解析をする際、致命的な誤差要因となってしまいます。

気候変動に関する政府間パネル（ＩＰＣＣ：Intergovernmental Panel on Climate Change）が取りまとめる報告書では、地球温暖化により地球全体で発生する熱帯低気圧の数は減少する一方、強い熱帯低気圧の数は増えるという予測研究の結果が報告されています。これをきちんと検証するためには、直接観測が可能な航空機観測などを定常的に行ない、高精度の解析結果を蓄積することが重要です。50年後、１００年後の我々の子孫が解析に困らないように、信頼できるベストトラックをつくっていくこと、これは熱帯低気圧の予報や研究に携わる人たち全員の課題といえるでしょう。

5・2　進路予報

20年でこんなに進歩した

読者の皆さんは、気象庁が発表する台風の進路予報にどのような印象をおもちでしょうか。けっこう当たっているという印象をおもちの方、逆にあまり信用していないという方、さまざまでしょう。台風の影響を直に受ける地域にお住まいの方や一部の気象関係者以外は、特に気にしたことがないというのが正直なところかもしれません。

一方で、昔に比べるとだいぶ信頼できるようになったと感じている読者の方もいるかと思います。実際にその感覚は正しく、図5・3に示すとおり、20年前に比べると気象庁の台風進路予報の誤差は半分以下になっています。これはかなりすごいことだと思いませんか？

気象庁では現在、5日先までの進路予報を発表しています。例えば、月曜日に発表する予報では、その週の土曜日までの台風の位置を予想します。予報には不確実性がともなうので、図5・4に示すように、「予報円」とよばれる円を用いて予報の不確実性を表しています。予報の不確実性は将来の予報ほど大きくなる傾向があり、通常、円の大き

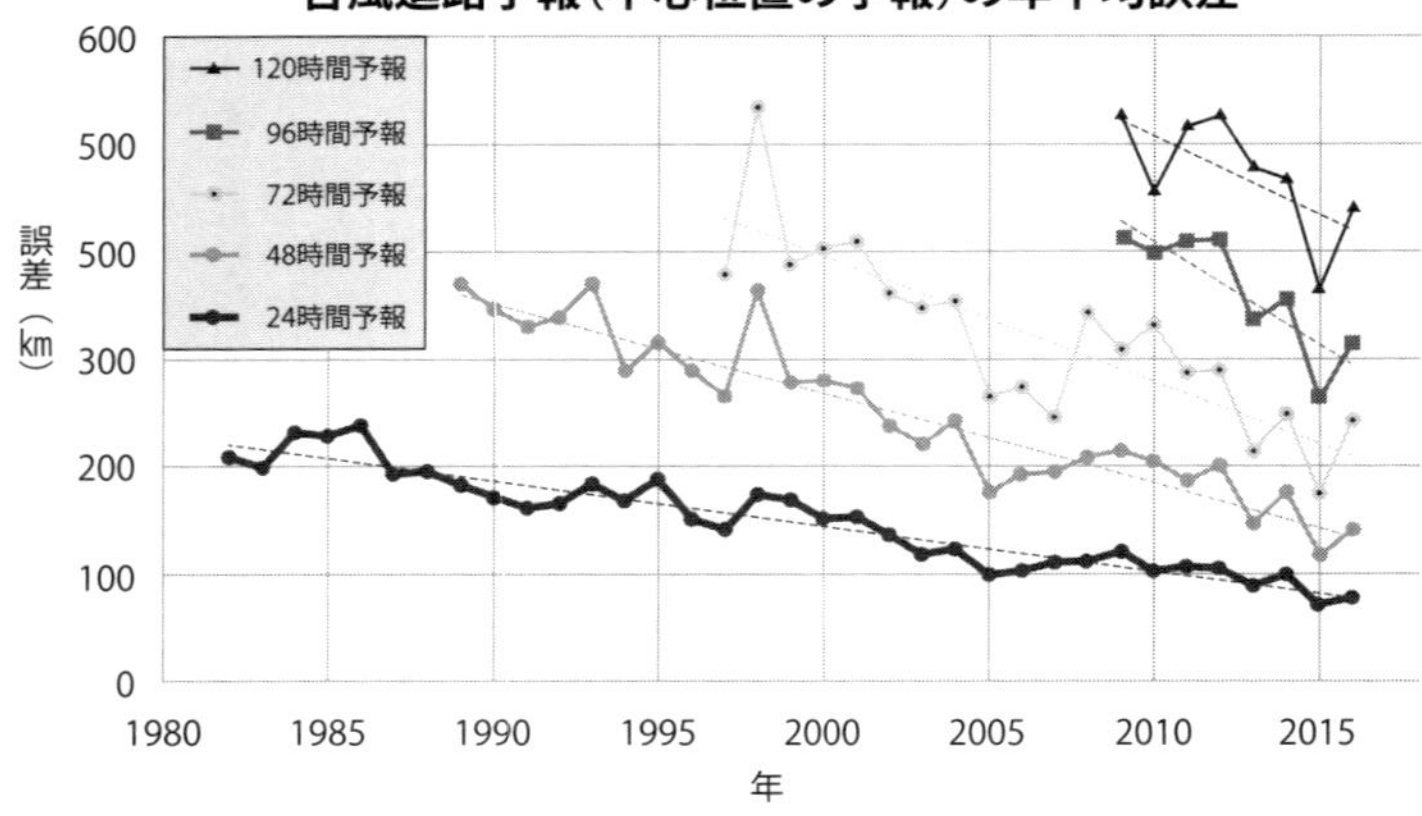

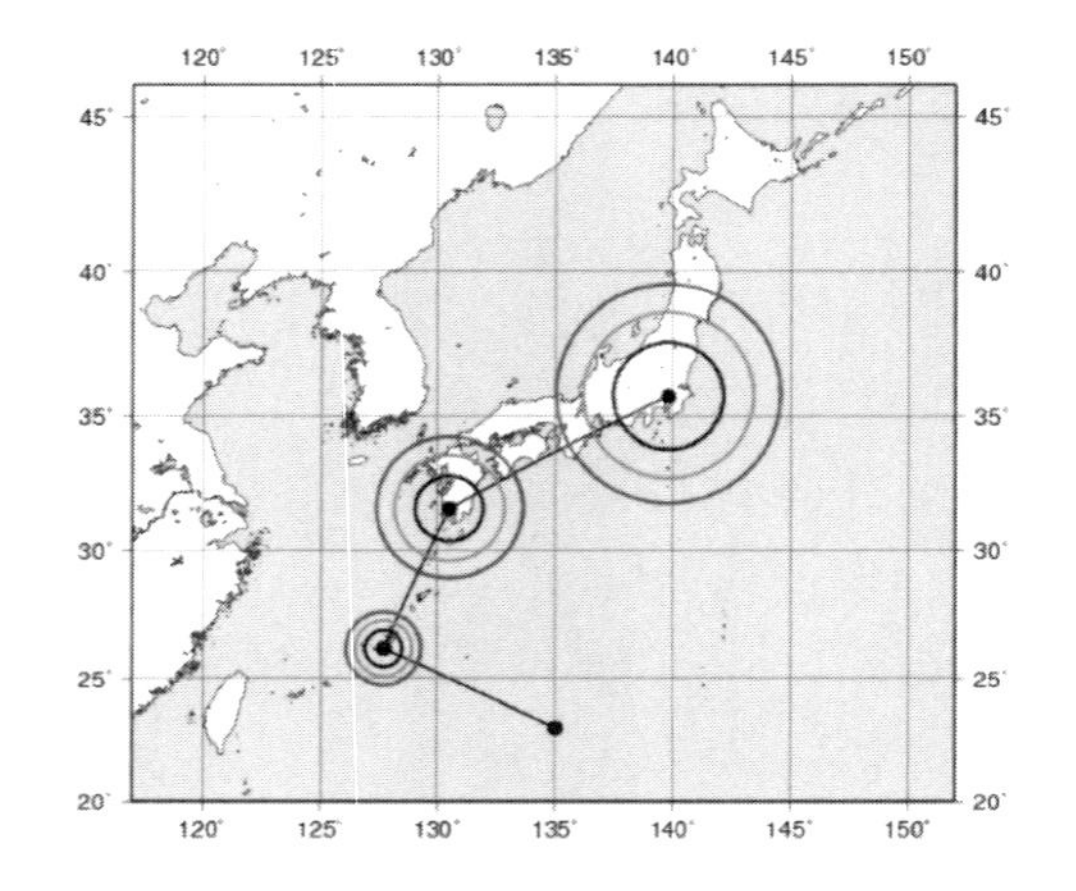

▶**図5・3**　（上）気象庁の台風進路予報の年平均誤差の経年変化。（下）1日先で沖縄、２日先で鹿児島、３日先で東京に位置する（架空の）台風進路に1997年（外側）、2006年（真ん中）、2016年（内側）当時の平均誤差（回帰直線に基づく平均誤差）を半径とする円を描いた。過去20年で円の半径は半分以下となっている！

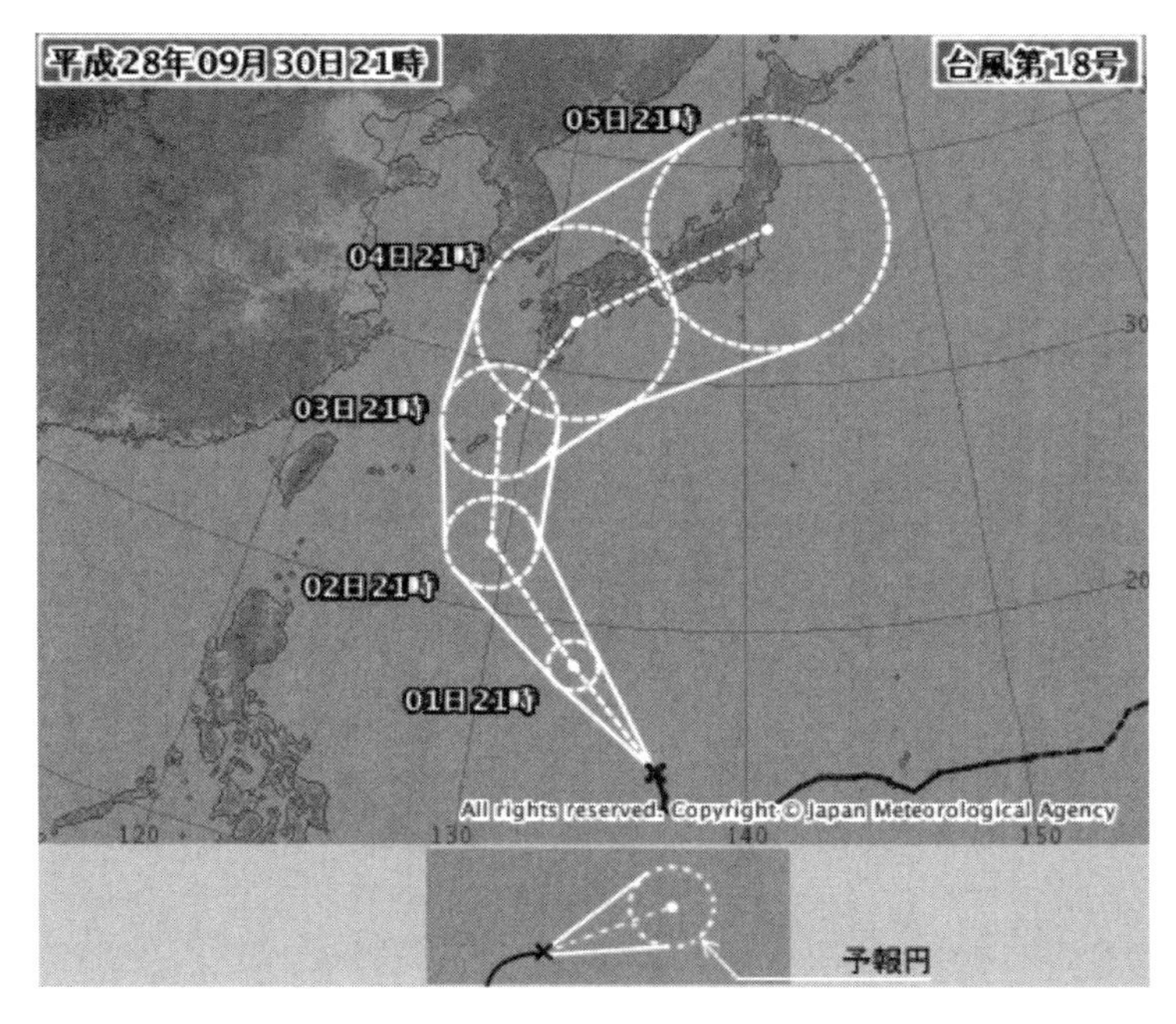

▶**図5・4**　5日先台風進路予報の例。平成28年9月30日21時に発表された台風第18号（CHABA）の例。予報円とは、予報した時刻にこの円内に台風の中心が入る確率が70％の円（実際に検証を行なうと、およそ70％となっている）。気象庁HPより。

さは予報時間とともに大きくなります。

この「5日先進路予報」と「予報円表示」は世界的に見ても標準的なものです。例えばアメリカや中国、韓国なども気象庁と同じように北西太平洋域の台風に対して進路予報を発表しており、同様の予報資料を作成しています。アメリカではハリケーンに対して

7日先進路予報を検討していますが、現状ではハリケーンの発生する北大西洋やサイクロンの発生するインド洋などでも図5・4のような予報資料が作成されています。

コンセンサス予報

ところで、図5・4の予報円の中心を結んだ線はどのように作成されているのでしょうか？　そこには、「一致」とか「総意」を意味する「コンセンサス（consensus）」とよばれる手法が使われています。

こんにちの天気予報は、全球数値予報モデルや領域数値予報モデルなどの数値予報モデルが基盤となっています。数値予報モデルとは、簡単に説明すると、大気の運動と状態の変化を支配している物理法則に基づいて、観測された現在の状態から将来の状態を予測するためのコンピュータプログラムです。数値予報モデルは気象庁だけでなく海外の気象局でも運用されていて、その結果はリアルタイムで気象局間で共有されています。これらの複数の予測結果の平均をとったものがコンセンサス予報です。

個々の予測結果を用いるよりも、コンセンサス予報のほうが平均的に（多事例で検証を行なえば）精度がよくなることは2000年代初めの研究ですでに明らかになっています。

このコンセンサス予報は気象庁だけでなく、進路予報を行なっている世界の気象局で用いられている標準的な手法です。

後述する強度予報や発生予報と比べると、進路予報は相対的に数値予報モデルの果たす役割が大きいといえます。別の言い方をすれば、移動のメカニズムは相対的によく理解されており、数値予報モデルにきちんと取り込まれているのです。

「進路予報では数値予報モデルの果たす役割が大きい」、「数値予報モデルの結果は気象局間でリアルタイムで共有されている」、「どの気象局もコンセンサス手法を採用している」となれば、どの気象局も同じような予報を発表することになります。実際、そのような傾向となっています。一方で、このような状況のなか、いかに他の気象局より少しでも誤差の小さい予報を出せるか、切磋琢磨することになります。

例えば予報官は、最新の観測データと矛盾がないかコンセンサス予報の妥当性を注意深く確認し、時々刻々と変化する気象状況を見ながら適切に修正を行なっています。また、コンセンサス予報を作成する際に、単純に平均する手法もあれば、ある予測結果に重みを多くつけて平均する手法もあります。このようにコンセンサス予報のつくり方にも気象局ごとの工夫が見られます。

進路予報の課題

図5・3に見たように、予報誤差は減少傾向にあります。しかし、そんな進路予報にも課題はあります。そのひとつが大外し事例の減少です。図5・5は、2015〜2017年の直近の3年間の気象庁全球数値予報モデルによる3日先台風進路予測の誤差を小さいほうから順に並べたものです。直線的な分布ではなく、10％程度の事例で予測誤差が非常に大きくなるのがわかります。

同じような分布を見たことはないでしょうか。例えば、平均年収の分布です。数少ない億万長者の存在で、中央値よりも平均値のほうがグッと大きくなります。同じことが進路予報にもいえて、数は少ないものの誤差が非常に大きい事例が存在し、それが平均的な誤差の上昇に大きく寄与しているのです。なので、今後さらに平均的な誤差を減少させるためには、大外し事例の減少がカギとなるわけです。面白いことに、図5・5に見える特徴は気象庁の数値予報モデルだけでなく、海外の主要な数値予報モデルにも見られる共通の特徴です。

予報円の大きさの決め方という観点からも課題はあります。現在気象庁では、3日先までは統計的な手法で予報円の大きさを決めています。しかし、予報の不確実性は時々

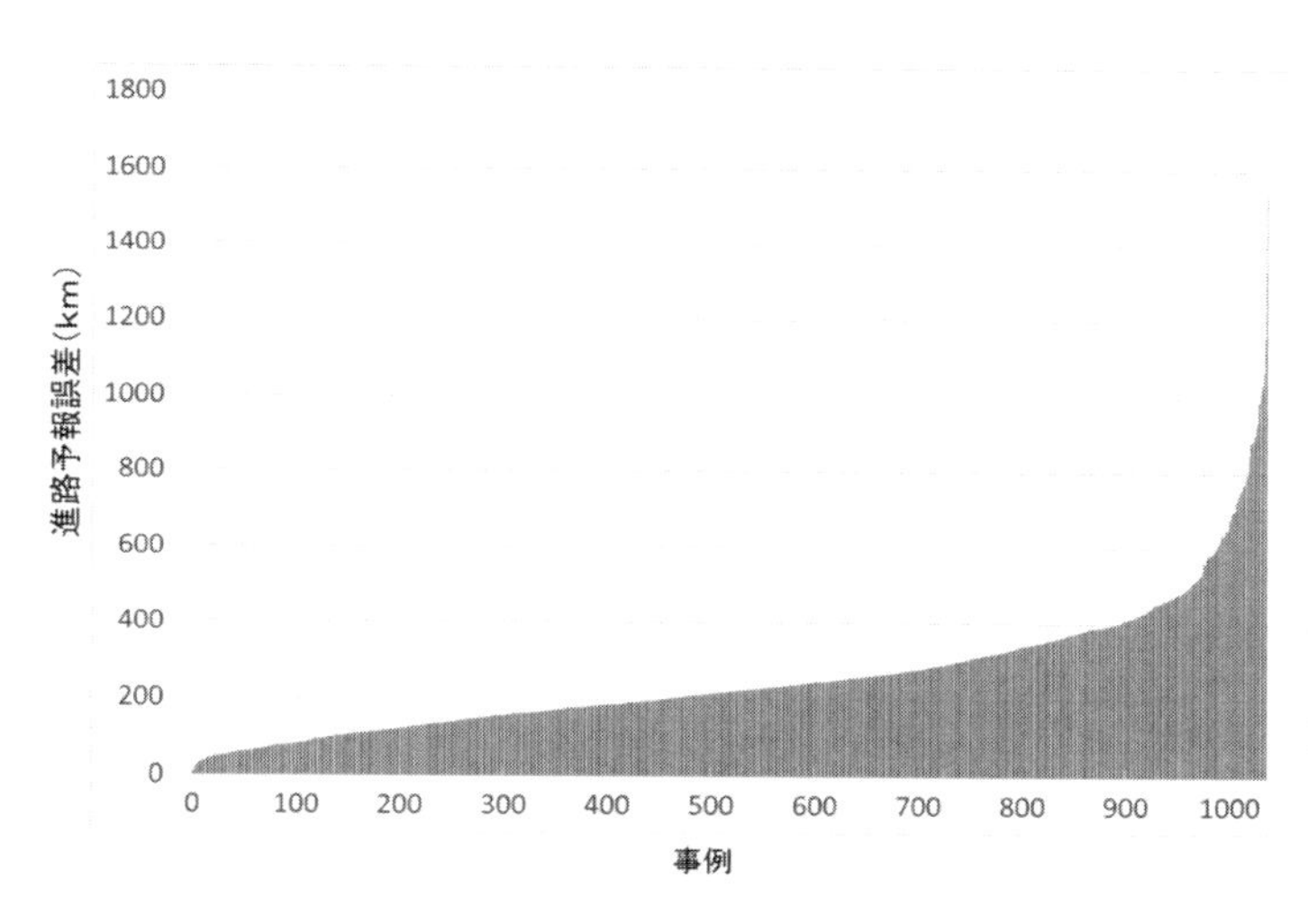

▶図5・5　2015～2017年の直近の3年間の気象庁全球数値予報モデルによる3日先台風進路予測の誤差を小さいほうから順に並べた結果。

刻々と変化しているので、統計的ではなく動的に、その状況に応じて決めるほうが適切です。

気象庁では、全球アンサンブルとよばれる「アンサンブル予報システム」を運用しています。アンサンブルとは「集合」とか「集団」という意味があります。数値予報モデルにはさまざまな不確定要素があるので、それらを考慮して複数の予測結果を得る数値予報システムです。得られた複数の予測結果がお互いに似ていれば、今回の予測結果の不確実性は小さい、逆にばらつきが大きければ不確実性は大きいと判断することができるのです。

4日、5日先の予報円の大きさの決定には、このばらつき具合の情報が使われていま す。なので、この手法を3日先までの予報にも適用することが課題です。また、アンサンブル予報システムは気象庁だけでなく海外の気象局でも運用されていて、その結果はリアルタイムで共有されています。ですので、アンサンブルのアンサンブルといいますか、複数のアンサンブル予報結果から予報円の大きさを決定することもできます。この手法は現在世界のどの気象局でも導入されていないので、パイオニアになれる可能性があります！

先に、「進路予報では数値予報モデルの果たす役割が大きい」と述べました。ですので、数値予報モデルの改良が、我々が進むべき王道です。コンセンサス予報の改善も、数値予報モデルの改良がなければ成り立ちません。今後さらに進路予報を改善していくためには、数値予報モデルの改良やスーパーコンピュータの性能向上にともなう高解像度化、数値予報モデルの初期値の改良、そのために必要な観測の拡充が極めて重要です。特に第1章で紹介した航空機による台風の直接観測のデータは、台風進路の予測精度を10〜20％程度改善できる可能性があります。今後の国内の台風航空機観測にさらに注目していきたいと思います！

5・3 強度予報

なぜ強度予報は難しいのか？

次に、強度予報について見てみましょう。強度予報とは中心気圧や最大風速の予報です。じつは進路予報と比べると、強度予報には課題が多いのが現状です。残念ながら図5・3に見たような右肩下がりの予報誤差の減少は強度予報には見られません。このような傾向は気象庁だけでなく海外の気象局にも見られ、また台風の発生する北西太平洋域だけでなく他の海域にも見られます。強度予報の改善は世界共通の課題なのです。

では、なぜ強度予報は難しいのでしょうか？　一般論として、強度は進路に比べると物理的にかなり複雑です。小川に浮かんだ葉っぱがその流れに沿って移動するように、基本的に台風はその周辺の風によって流されて移動します。したがって、ある程度スケールの大きい風の傾向が予測できれば、台風の進路も精度よく予測できます。それに対して台風の強度には、海面水温、海洋貯熱量、風の鉛直シア、内部構造、スパイラルバンドなどなど、非常に多くのことが関係していて、かつそれらが複雑に絡み合っています。これらを数値予報モデルで矛盾なく予測することは至難の業なのです。

機械学習による強度予報

4年に1度、世界気象機関が主催する、熱帯低気圧に関する大規模なワークショップが開催されます。熱帯低気圧に関係する現役の予報官や研究者、大学の教授らが世界中から一堂に会して、現状の熱帯低気圧の予報や研究の課題、さらには将来の方向性について議論して提言を行ないます。直近では、2014年に韓国で開催されました。そこで、熱帯低気圧の強度予報の現状をレビューした発表がありました。

発表の内容は、進路予報と同じように5日先までの強度予報が国際標準になっていること、またアメリカではハリケーン専用の数値予報モデルの運用と、SHIPS（シップス）とよばれる統計力学モデルによる強度予報で、進路予報ほどではないが強度予報の改善が見られているというものでした。

私はその発表を聞いて、SHIPSこそ、まず気象庁に導入するべき予測技術であると確信しました。というのも、気象庁の強度予報は3日先までで、国際標準と比較すると短いという現状がありました。予報時間を国際標準の5日先まで延長するためには予報精度の向上が必須ですが、気象庁には台風専用の数値予報モデルも、SHIPSのような統計力学モデルもありません。新たな数値予報モデルを運用するとなれば、そのモ

線形重回帰式

$$y = \alpha x_1 + \beta x_2 + \gamma x_3 + \cdots$$

y：予報値（台風の強度）
x_1，x_2，$x_3\cdots$：説明変数
α，β，$\gamma\cdots$：回帰係数

デルの開発、またスーパーコンピュータの資源も新たに調達しなければなりません。一方、SHIPSはパソコンが1台あれば十分なシステムです。

幸い、発表を行なっていたアメリカ海軍研究所のSampson氏とは以前から親交があったため、発表のあと彼のところへ行って、SHIPSを日本でも運用できないか相談しました。彼は快く協力を申し出てくれました。ここから、一気に気象庁版SHIPSの導入に向けた動きが加速しました。ワークショップ後、アメリカを何度も訪問してアメリカの研究者との協力関係を構築する一方で、気象庁内でSHIPSを導入するためのプロジェクトチームをつくりました。

SHIPSは、線形重回帰式を用いた強度予測システムです。「人工知能」とか「機械学習」という言葉が最近流行っていますが、SHIPSは機械学習による強度予測システム

ということもできます。前ページの式を見てください。左辺の y が目的変数とよばれるもので、我々が求めたいもの、つまり台風の強度です。右辺の x_1、x_2、x_3……は説明変数とよばれるもので、台風の強度と関係しそうな変数です。その変数に掛かる α、β、γ……は回帰係数とよばれるもので、それぞれの変数の重みを表しています。

ここが最大の肝なのですが、最初のステップは x_1、x_2、x_3……の説明変数を決めることです。台風の強度と関連のある変数であれば、基本的に何でもOKです。次に、教師データ（過去の大量のyとx_1、x_2、x_3……のデータ）を使って回帰係数を計算します。ここまでくれば予報をするための準備が整いました。予報を行なう初期時刻で利用できる x_1、x_2、x_3……の値とあらかじめ計算しておいた α、β、γ……を使えば、計算したい y の値を得ることができます。

x_1、x_2、x_3……には、予報初期時刻の台風の強度や発達傾向、海洋の状況、気象庁全球数値予報モデルが予測する風の鉛直シアなど、さまざまな変数が用いられています。

世界に追いつけ追い越せ

プロジェクトチームの結束力と熱意、そしてアメリカの研究者の強力なサポートもあり、2016年には気象庁版SHIPSのプロトタイプが完成し、試験的ではありますが、気象庁の台風予報に使えるところまできました。結果、2017年の台風強度予報は、これまでにないほど大幅に改善されました。今後、現業システムとして運用するための課題などをクリアして、本格的に運用される計画です。またそれに合わせて、予報時間を現在の3日先から5日先へと延長する予定です。

SHIPSの登場により、気象庁の台風強度予報はその精度、予報時間という点で世界標準へと追いつく道筋が見えてきました。一方、SHIPSは統計手法による強度予測なので、平均的な強度変化をする台風にはいいのですが、特異な強度変化をする台風には歯が立ちません。その典型例が第3章で紹介した急速発達です。この急速発達が起こるタイミング、そしてどの程度まで発達するのかを予測するのが非常に難しく、熱帯低気圧の研究者たちの間で共通の課題として特に意識されています。

急速発達のような特異な事例も含めて強度予報を改善していくためには、やはり数値予報モデルによって精度を改善していくのが王道です。しかし、先にも述べたとおり、数値予報モデルの運用にはモデル開発者やスーパーコンピュータなどの資源が必要です。しかも近年、数値予報モデルはどんどん複雑化、大型化、高解像度化してきており、人的資源、計算資源ともに、より多くの資源が必要となってきています。

気象庁ではＭＳＭとよばれる領域数値予報モデルを運用しています。通常、ＭＳＭは日本周辺域を対象に運用されているのですが、これを北西太平洋域全域に拡張して、台風強度予報にどの程度使えるかを調べました。その結果は驚くことに、ＭＳＭはアメリカのハリケーン専用の数値予報モデルと同等か、それ以上の強度予測精度をもっていたのです。既存の数値予報モデルでも十分に世界標準、またはそれ以上のパフォーマンスを出せる可能性があることが示されたのです。既存のシステムを有効活用していくことは、強度予報のさらなる改善につながる道かもしれません。

５・４　発生予報

国際標準になりつつある台風発生予報

予報に関する最後のトピックは発生です。お気づきの読者の方は少ないかもしれませんが、気象庁では台風が発生する前でも情報を発表しています。北西太平洋域で弱い熱帯低気圧が発生して、かつその熱帯低気圧が1日以内に台風の強度まで発達する、つまり台風が発生すると予想される場合に、その進路や強度の情報を発表しています。いってみれば、1日先の台風発生予報を行なっているようなものです。

先に紹介した2014年に開催された熱帯低気圧ワークショップでは、発生予報の現状に関するレビューも行なわれました。発表内容は、2日から5日先の発生予報が国際標準になりつつあること、また数値予報モデルの結果、気象衛星の解析、台風周辺の環境などの解析などから予報官が主観的に判断して、発生確率を発表しているというものでした。さらに、統計的手法、数値予報モデル、これらを組み合わせた統計力学手法による発生予測資料の開発が近年精力的に行なわれていることが紹介されました。

気象庁でも台風の発生に関するさまざまな研究が行なわれていましたが、発生予報を行なうための具体的な筋道は立っていませんでした。そこで強度予報と同様に、発生予報に対してもプロジェクトチームを立ち上げて、台風発生予報の実現を目指して、実際に使える予報資料を開発することになりました。そこで我々が最初に注目したのが早期ドボラック法です。

ドボラック法では、気象衛星で観測された雲画像からT数（図5・2のCI数にほぼ対応するもの）とよばれる熱帯低気圧の強度を表す指標を決定し、このＴ数を基本として熱帯低気圧の強度を推定します。Ｔ数は、Ｔ1からＴ8まで0・5きざみで15段階に階級分けされ、数字が大きくなるほど熱帯低気圧の強度は強くなります。

一方、早期ドボラック法は気象庁で開発された手法で、従来のＴ1からＴ8までの階級にＴ0・0、Ｔ0・5を追加し、より早い段階で熱帯低気圧の解析を可能とする手法です。早期ドボラック法で解析されたＴ数ごと（Ｔ0・0、Ｔ0・5、Ｔ1・0）に、熱帯低気圧が台風強度まで発達する確率（つまり台風の発生確率）を統計的に調査しました。すると、Ｔ数0・0、0・5、1・0で解析された熱帯低気圧が2日以内に台風になる確率は、それぞれ15、23、57％でした。

次に、早期ドボラック法で解析された熱帯低気圧を、台風進路予報の箇所で紹介した全球アンサンブル予報が予測している場合に、発生確率がどのように変化するかを調査しました。調査の結果、発生確率はそれぞれ34、47、80％と大幅に上がることがわかりました。早期ドボラック法と全球アンサンブル予報を用いることで、「低」・「中」・「高」のような信頼度情報をつけて、2日先の台風発生予報を実現できる可能性があることがわかったのです。

発生予報にも機械学習、そのメリットとは？

今まさに現在進行形で進んでいるのが、強度予報のSHIPSと同じような統計力学手法による台風発生予測資料の開発です。TCGI（ティーシージーアイ）とよばれる予測資料で、これもオリジナルはアメリカで開発されたものです。ここではわかりやすくするために、179ページの式に戻って、左辺のyが台風の発生確率になったものだと思ってください。前述した「早期ドボラック法＋全球アンサンブル予報」を用いた台風発生予測は、それ自体は先進的な方法なのですが、「なぜ台風が発生したのか？」という疑問には答えてくれません。その答えは、予報官が天気図や海面水温、数値予報モデルの出力などを注意深く見て判断する必要があります。

一方、SHIPSやTCGIなどの統計力学手法による予測では、強度や発生の客観的根拠を示してくれます。それはどのように行なわれるのかというと、式の右辺の各項の相対的な大きさで理解することができます。例えば、$|\alpha \times x_1| < |\beta \times x_2| < |\gamma \times x_3|$という大小関係となった場合、$x_1$より$x_2$、$x_2$より$x_3$が表す物理量のほうが影響が大きいということができます。予報の現場では単に予報を出すだけでなく、物理的な根拠をつけて予報を出すことが近年重要性を増しており、その意味で統計力学的手法は予報官に重

宝される予測手法であるといえます。

台風発生予報の実現に向けて

今後の課題は、「早期ドボラック法＋全球アンサンブル予報」や「ＴＣＧＩ」などを駆使して、２日先から５日先の発生予報を発表することです。引き続き研究を続けて、予測資料の開発と現業運用化に向けた課題をひとつひとつクリアしていくことが当面の課題となります。

長期的な課題もあります。ここまで説明してきた発生予測は、弱い熱帯低気圧（台風の卵）が台風強度まで発達するかどうかに注目しています。台風の卵が発生した後の話です。つまり、台風の卵自体の発生の予測ではありません。将来的には、この台風の卵の発生も含めて、台風の発生を予測することが重要となってくるでしょう。

気象庁が台風情報を発表していないときに気象庁のホームページを見ると、「現在、台風に関する気象情報は発表していません」と表示されます。これと、例えば「この先の５日間、台風の発生する可能性は低いと考えられます」とは違う情報です。何がいいたいかというと、台風が発生するという情報も重要ですが、発生しないという情報にも価値があるということです。例えば、沖縄旅行を週末に計画しているときに、台風の発生確率が低いといわれれば安心感が増しませんか？　このような情報を出していくことも、個人的には課題だと考えています。

さらに、海外の気象局では、今後1ヶ月で発生する台風の個数などの情報を発表しています。1ヶ月先までを予測対象とするので、当然精度はそれほど高くありません。が、このようなとき、各気象局が何をしているかというと、気候学的な予測（過去の統計的なデータのみを使った予測）と比較しています。この気候学的な予測よりも精度が高ければ、「少なくとも気候学的な予測と比べて使いものになります」という根拠で予報を発表します。このような、長期の時間スケールの予測情報の提供も今後の課題と認識しています。

5・5 将来の台風予報

警報・予報は新たなステージへ

最後に、台風予報の将来について、展望を少し書いてみたいと思います。ここまで、台風の進路や強度、発生の予報に関して現状と課題を見てきました。日本に暮らすうえで避けることのできない台風だけに、その予報精度を改善していくことは我々の永遠のテーマといっても過言ではないでしょう。一方で近年、防災意識の向上、また予報精度の改善にともなって、もう少し現実的というか、具体的な情報の発信が求められるようになってきています。

「Risk-based warning」や「Impact-based forecasting」という言葉に代表されるように、防災や減災に直結する気象情報の提供が重要性を増していて、日本国内を含め、国際的な動向となっています。例えば、明日台風が980ヘクトパスカルの強度で関東に上陸する見込みですという予報があった場合、それはそれで重要な情報なのですが、多くの人にとっては究極的には、自分に被害が及ぶかどうかが最大の関心事ではないでしょうか。「Risk-based warning」や「Impact-based forecasting」は、単純な気象条件に基づく警報や予報ではなく、気象条件に基づいて、どの程度災害のリスクや影響があるのかを考慮しましょうというものです。2017年から気象庁が開始した「警報の危険度分布」(http://www.jma.go.jp/jma/kishou/know/bosai/riskmap.html)は「Risk-based warning」の一例です。

台風の場合、台風にともなう大雨で土砂災害が発生するか、高潮が発生して浸水被害が起こるか、また強風や突風によって飛行機や電車などの公共交通機関に影響が出るかなどが、具体的なリスクやインパクトです。台風がいつ発生し、どのくらいの強度でどこに上陸するかという予測情報に加え、結果として起こりうる災害や被害の予測が今後重要なテーマになっていくと考えられます。

台風情報を含め気象情報の利用者のニーズは多様化しています。一人の研究者、ひとつの大学・研究機関、ひとつの役所ができることには限界があり、分野間の連携がさらなる気象サービスの向上に不可欠です。先に挙げた例でも、海洋や陸面、河川といった、大気の境界領域との連携、防災情報を発信する地方自治体との連携、社会のサービスと密接に結びついている民間企業との連携などが必須です。また、この本でも紹介されているとおり、非常に先進的な台風研究が日本の大学や研究機関で多く行なわれています。こういった気象庁以外の研究の成果を気象庁の予報に反映させていくこと、Win-Winの関係を築けるような枠組みをつくることも重要な課題だと思います。

台風業務は人工知能に代替されるか？

「人工知能」にもふれておきます。オックスフォード大学のオズボーン博士らが2013年に「雇用の未来」という論文を発表したのは記憶に新しいと思います。論文には、人工知能の進展にともない、今後10～20年で自動化される仕事がリストアップされています。幸い「台風研究」はリストになく、胸をなで下ろしました。気象予報士や予報官もリストにありませんでした。

台風予報を含む天気予報業務は人工知能によって代替されるでしょうか？　読者の皆さんはどのように思いますか？　私は、現状では、そのようなことにはならないと思います。というのも、囲碁や将棋と異なり、気象には物理的な原理原則、拘束条件があります。これらが複雑に絡み合って構成されている数理モデル（数値予報モデルや統計力学モデル）を、物理法則に基づいて物理的な意味を理解しながらつくるという作業は、人工知能に代替されることはないと思います。

また、気象データから天気予報の文章をつくるというような単純な作業は別として、気象災害が起こっている、またはまさに起こりそうな状況において、時々刻々と変化する状況を踏まえて避難指示などを行なう仕事、またその意思決定をサポートするような物理的根拠を説明する仕事も、人工知能に代替されることはないと思います。

逆に、画像認識や、本章で紹介したＳＨＩＰＳのような統計力学モデルの開発の分野にはまだまだ伸び代があるでしょう。例えば、１７９ページの式に戻って、左辺のyを台風強度や台風の発生確率の代わりに、台風にともなう洪水の発生確率、台風にともなう悪天で見込まれるタクシーの利用者数、利用場所などとすれば、「Risk-based warning」や「Impact-based forecasting」のためのプロダクト開発、また新たなビジネスチャンスの創出となります。

また、この式では単純な線形重回帰式を使用していますが、もっと複雑な統計を使ってもよいでしょう。ただ、そのような調査には大量の過去データが必要で、それをどのように収集するかが研究やビジネスを成功させるカギとなりそうです。なので、そういった意味でも、分野間の連携が今後ますます重要になってくると考えられます。

近年、民間企業でもこの分野への関心は高まっており、よく知られているところでは、ＩＢＭが気象予測サービスを開始しました。２０１７年10月にスイスのジュネーブで開催された世界気象機関のサイエンスサミットで私は、最新のＩＢＭ気象予測サービスの発表を聞きました。基本的には先に説明したような、「リスクモデル」、「インパクトモデル」の設計と過去データの収集がビジネスの成否を左右するというものでした。

以上のことを踏まえると、今後は予報官の仕事の役割がシフトしていく可能性があるかもしれません。数値予報モデルや統計力学モデルの出力結果を解釈して一方向的に予報を出すところは、もしかしたら大部分は人工知能や機械学習に代替されるかもしれません。一方、数理モデルの開発といった新たな価値を創造する仕事、気象災害発生時に必要になるような予報結果を双方向的に伝達する仕事は、人間である予報官の知性や常識、判断力が求められる領域ではないでしょうか。今後、人工知能と気象・台風の分野がどのように付き合っていくのか、注目していきたいと思います。

5・6 まとめ

この章のポイントを3点にまとめると次のようになります。

- 全体的にみると、スーパーコンピュータの性能向上、数値予報モデルの高度化、観測の拡充などにより、台風の解析技術や予報精度は上がっている。
- 一方で、台風強度の直接観測、進路予報における大外し事例の減少、強度予報の予測精度の改善、特に急発達事例の予測精度の改善、発生予報の拡充など、課題も多い。
- 「Risk-based warning」や「Impact-based forecasting」のように、予報や警報が新たなステージに入っていることを認識し、さまざまなユーザーニーズに応えられるように、新たな価値を創造していくことも重要な課題。

本文でも述べたとおり、解析・予報精度の国際競争は、インターネット時代の今、激化の一途をたどっています。一方、これはある意味驚きなのですが、ある気象局がもっている予報技術や観測データは、その気象局が抱え込むことはなく、共有されています。

数値予報モデルの中身も公開している気象局が多いのです。コミュニティ全体として解析・予報精度を上げていこうという土壌が、気象・台風の分野にはあるのです。ですので、国内外にアンテナを幅広く張って、気象庁の台風解析・予報作業の改善につながるような研究成果を発掘し、効果的かつ効率的に業務改善を行なっていくことも重要な課題のひとつです。

このようなことを意識して、さらなる気象サービスの向上のために、一研究者として研究を続けていきたいと思います。

参考文献

木場博之、萩原武士、小佐野慎悟、明石修平、1990：台風のCI数と中心気圧及び最大風速の関係。気象庁研究時報、42、59－67。

column 11

異常

気象大学校時代の4年間を含めれば、すでに20年間「気象」というものに関わってきました。「台風」との出会いは大学校卒業後なので、台風との付き合いは16年ということになります。いずれにせよ、これだけ長く付き合っていると職業病とでもいうのでしょうか、日常のあらゆる事柄を専門的な気象の知識と結びつけて考えるクセがついてしまいました。

例えば、動くものを見ると、ついその物体に右向きの矢印をつけて「どのくらいコリオリ力が働いているのだろう」と考えてしまいます。まだ小さい娘が、空を見て「雲がいっぱいだねー」といった何気ない一言に対して、気象学の知識を総動員して、その事象を説明してしまうこともあります。

これは職業病といえるのかわかりませんが、「異常」という言葉にやたらと敏感になったような気がします。異常気象や、異常高温、異常に強い台風など、気象や台風の分野では「異常」が溢れています。テレビの天気予報などでもよく耳にします。この「異常」という言葉にふれるたびに、それはどの程度異常なのかと意識するようになりました。

突然ですが、読者のみなさんは、数学の偏差値がいくつだったか覚えているでしょうか？　高校時代、周りに偏差値80以上の方はいましたか？　じつはこの偏差値というものは「異常」を理解するうえでけっこう役に立ちます。

正規分布とよばれる確率分布があります。下図のような形をしていて、気象の分野では最もよく出てくる分布といっても過言ではありません。例えば、みなさんがお住まいの地域に最も近いアメダス地点の過去30年の夏季の最高気温の頻度分布を描いてみたとしたら、きっと、このような分布になると思います。

正規分布には、下表のような特徴があります。例えば、分布の裾野の2・28％くらいの出現頻度が偏差値70に対応します。別の言い方をすれば、おおよそ50回に1回くらいの頻度で起こる「異常」が偏差値70です。偏差値80以上となると、1000回に1回くらいの頻度で起こる「異常」ということになります。なんとなく、異常の程度が感覚的にわかりやすくなったと思いませんか？

図　正規分布と偏差値の関係。

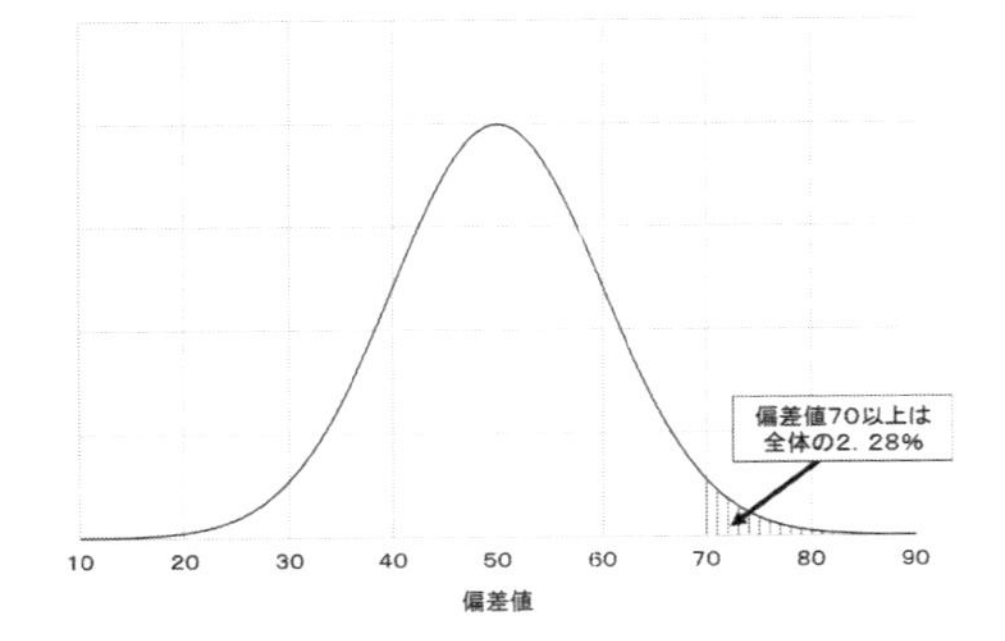

表　正規分布における偏差値と出現頻度の対応関係

偏差値 60 以上	全体の 15.9%
偏差値 70 以上	全体の 2.28%
偏差値 80 以上	全体の 0.135%
偏差値 90 以上	全体の 0.00315%
偏差値 100 以上	全体の 0.00002%

column 12

台風研究者ヤマグチの一日

つくばエクスプレスの終点「つくば」駅からバスで南へ約15分、そこに私の職場、気象庁気象研究所（気象研）があります。周りには産業技術総合研究所（産総研）や宇宙航空研究開発機構（JAXA）、国立環境研究所があり、まさに研究学園都市といった感じの場所です。また気象研のすぐ北には県営の洞峰公園があって、昼休みや仕事帰りなどに、散歩やジョギング、水泳、テニスなどを気軽に楽しむことができます。

気象研には140人ほどの研究者が在籍しており、集中豪雨、気候変動、地球環境、気象観測、地震、津波、火山などさまざまな研究を行なっています。私の所属する台風研究部では、スーパーコンピュータを用いた台風のシミュレーションや観測データの解析などを行なっています。「研究」という仕事は、個々人の発想、アイデア、能力に大きく依存する一方、他の研究機関や大学、海外の気象局との連携も密接で、研究プロジェクトや共同研究に参加する機会も多くあります。

参考までに、気象研の職員になるためには主に3通りの方法があります。1つ目は、国家公務員試験（総合職・一般職）に合格して気象庁へ採用後、人事異動により気象研に配属される方法。2つ目は、私のパターンですが、気象大学校入学試験に合格し、卒業後、人事異動により気象研に配属される方法。最後の3つ目は、公募などによる選考採用です。

研究と聞くと孤独な仕事のように聞こえるかもしれません。たしかに、出勤してから帰宅するまでほとんど誰ともしゃべらず、研究室にこもる日もありますが、関係各所とコミュニケーションをとりながら、情報収集をしたり、協力体制を構築したりするのも重要な仕事です。

ここで、私のある1日のスケジュールを載せてみたいと思います。

6：00　起床。
6：30　自宅でメールの確認。今日やることを頭の中で整理。
8：00　出勤。同僚と英語の勉強（①）。
8：30　メールの返信。最新の数値予報結果の確認。
9：30　気候研究部と研究の打ち合わせ。
10：00　プログラム解析（②）。
11：30　台風会報（③）。
12：00　昼休み。
13：00　本庁とテレビ会議。
14：00　取材対応（④）。
15：00　研究発表会出席（⑤）。
16：00　発表資料準備。
17：15　終業時間。洞峰公園で同僚とテニス（⑥）。
19：30　帰宅。

①：仕事で英語を使う機会が非常にたくさんあります。英語でメールのやり取りをしたり、海外の学会に参加したり、外国からお客さんが来ることもあります。気象の分野は国際的な結びつきが多く、なかでも熱帯低気圧は世界の各地で起こる現象ということもあり、国際的な仕事が数多くあります。

②：自分の研究室で作業を行ないます。気象研の1階にあるスーパーコンピュータに自分の研究室からログインして作業します。

③：台風が発生しているとき、台風研究部の会議室に部員が集まって、さまざまな予測資料を見ながら最新の解析、予報情報を確認したり、議論を行ないます。

④：取材対応も重要な仕事のひとつです。台風にともなう顕著な現象が起きたときなどには取材の依頼があり、対応します。また、著しい研究成果が出たときなどは報道発表というかたちで研究成果の発表を行なうこともあります。

⑤：コロキウムとよばれるもので、各研究部で定期的に行なわれます。台風研究部でも少なくとも1人年1回はコロキウムで研究発表をすることになっています。

⑥：水曜日、金曜日は定時退庁日です。気象研から自転車で5分の洞峰公園でテニスを楽しみます。気象研には、テニスサークルのほか、サッカー、野球、バドミントンなど、多くの運動サークルがあります。

第6章

100年後の台風

――地球温暖化は台風にどのような影響を与えるのか？

金田幸恵

この章では、地球温暖化が台風に与える影響について、最新の知見をもとにひもといていきます。100年後の地球で台風はどのようになるでしょうか。現在に比べ、数が増えたり減ったりするでしょうか？　強くなったり弱くなったりするでしょうか？　あるいは、100年後の最も強い台風はどこまで強くなりうるでしょうか？　そのカラクリもあわせて考えていきましょう。

6・1 温暖化研究の短くも長き歩み

地球温暖化と台風

まず初めに、地球温暖化ってなんでしょう？　また、それがなぜ台風やハリケーンと関係するのでしょうか？

地球温暖化とは、地球大気の温室効果によって、私たちが住んでいる地表付近の大気の層（対流圏）や海洋の温度が長期的に見て上昇することを指します。主因としては、化

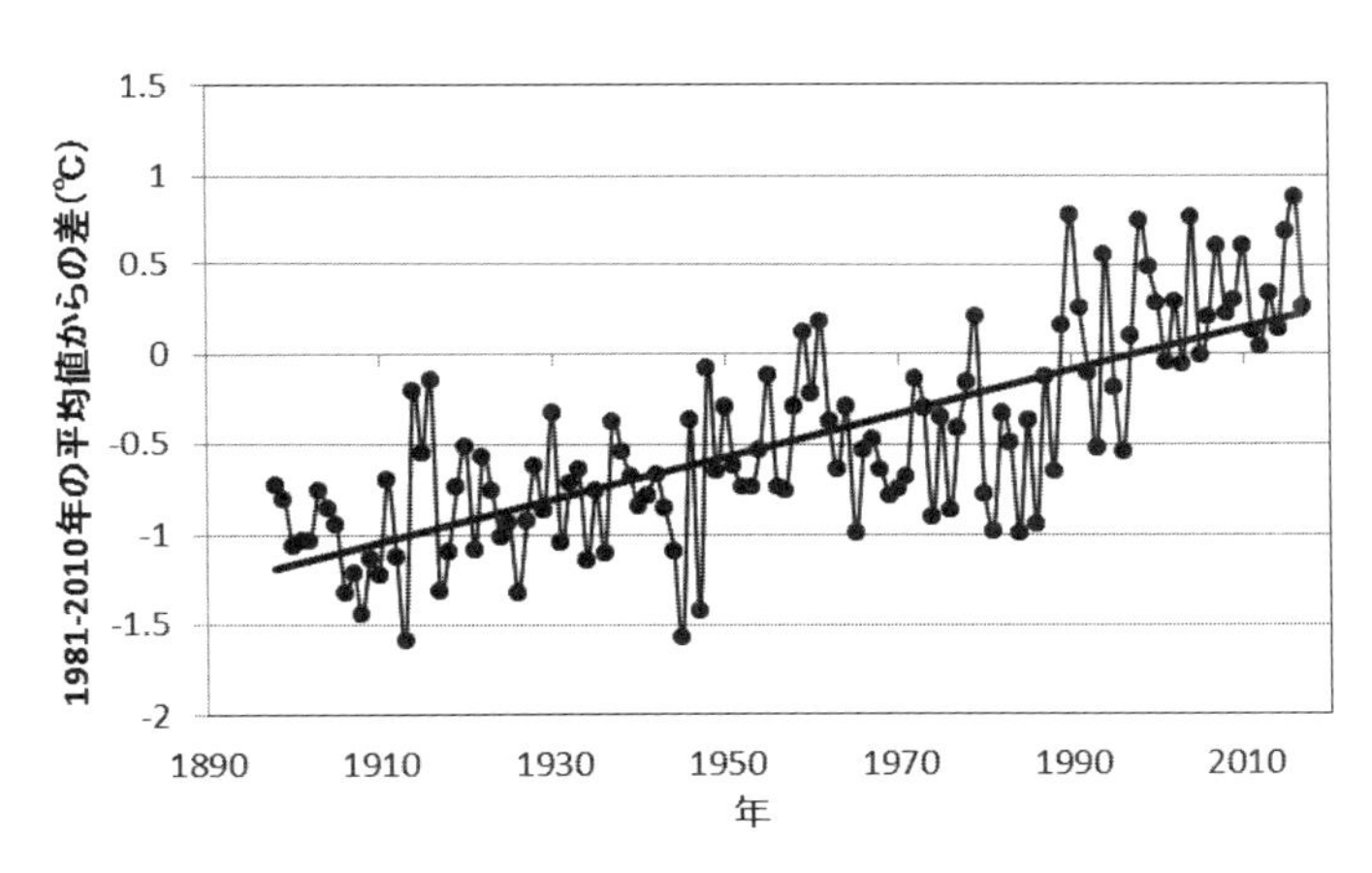

▶**図6・1**　日本の年平均気温の1981～2010年の平均値との差。折線は各年の平均気温の基準値からの差、太線は長期的な変化傾向をそれぞれ示す。

石燃料の使用による二酸化炭素などの温室効果ガスの増加が挙げられます。

地球温暖化は、今後始まるかもしれない遠い未来の話ではありません。すでに私たちの日常生活にふりかかっている現在進行形のできごとです。今から約100年前の1900年前後から現在にいたるまでに、世界の平均気温は100年間あたり0・7度以上という割合で上昇しています。図6・1を見てください。日本の年平均気温の上昇幅はさらに大きく、1898年以降、100年間あたり1・2度近くも上昇しているのです。

このように平均気温が上昇するなか、日本では1日に降る雨の量が100ミリ以上という大雨の日数も、長期的に見て増加傾向にあります。この大雨日数の増加傾向について、気象庁は地球温暖化の影響の可能性を指摘しています。

2007年に公表された気候変動に関する政府間パネル（IPCC）の第4次評価報告書（AR4）によると、「気候システムの温暖化には疑う余地がない」とする一方で、気温の上昇とともに、「将来の熱帯低気圧（台風及びハリケーン）の強度は増大し、最大風速や降水強度は増加する可能性が高い」とも警告しています。

では、なぜ温暖化が進むと、大雨が増えたり台風やハリケーンが強くなる可能性があるのでしょうか。

ヒントは海面の水温です。

第3章でも述べられているように、台風やハリケーンは暖かい海からエネルギーである水蒸気をもらって発達します。図6・2で、私たちに馴染みの深い北西太平洋域の海面水温が21世紀末にはどのようになると予測されているか、現在と比べてみましょう。温暖化の度合いにもよりますが、現在から約100年後の21世紀末にかけて、海面水温は世界全体で平均2度前後上昇するとされています。とりわけ、北緯20度以北といった中高緯度での昇温が大きく、日本周辺では3度以上、北海道付近ではなんと4度前後も暖

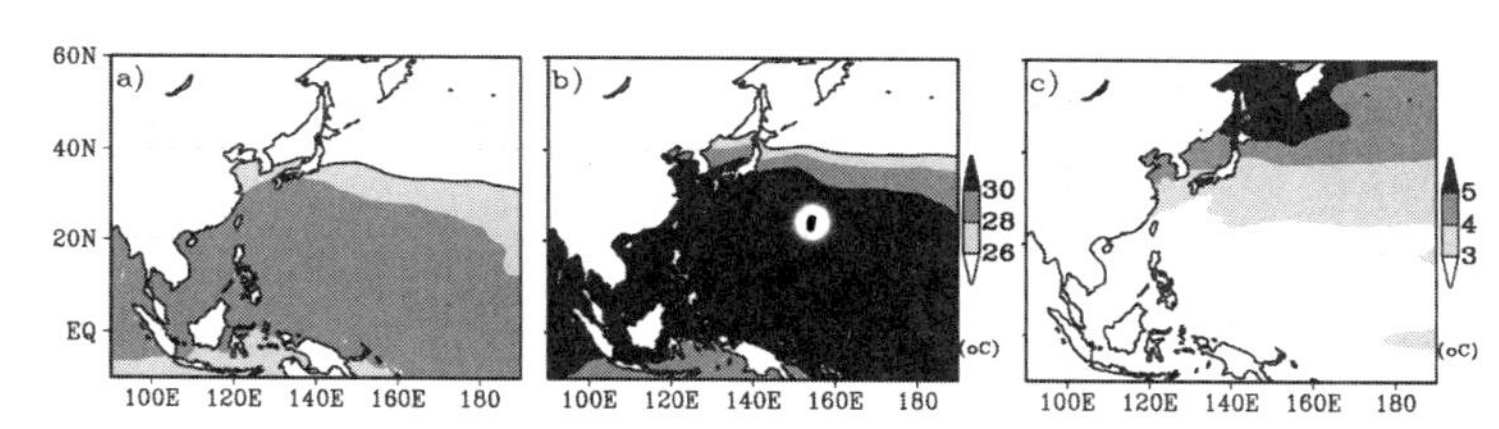

▶**図6・2**　現在と約100年後の未来に予測される8月の月平均海面水温分布（摂氏）の例。a）現在気候（1979〜2003年の平均値）、b）約100年後の温暖化気候（2085〜2099年の平均値）、c）温暖化気候での現在気候からの変化量（摂氏）。a), b）の太い線は海面水温が26℃のライン。

かくなってしまいます（図6・2c）。

過去の台風研究から、台風の発生や発達には、海面の水温が26〜27度以上と暖かいのが好ましいことがしられています。図6・2で目安として26度のラインに着目してみましょう。現在の気候（現在気候とよびます）においては日本周辺海上では、日本海側で北緯40度付近に、太平洋側で北緯35度付近に、それぞれ見られます。それが、温暖化による上昇分を加算すると、温暖化が進んだ100年後の世界（温暖化気候とよびます）では、北海道周辺まで広がってしまうかもしれないのです。

海陸の生態系や、農業・漁業に与える影響も大いに気になるところですが、この章ではあくまで台風との関連に着目しましょう。温暖化によりこのように海面の水温が上昇することで、台風やハリケーンにも次のような影響を与える可能性があると想像できます。

(1) 暖かい海面から、よりたくさんのエネルギーをもらって、台風やハリケーンがより発達するかもしれない。

(2) より高緯度まで台風やハリケーンの発生・発達に好都合な暖かい海域が広がることで、これまで台風やハリケーンに馴染みがなかった中高緯度（北半球の場合は北、南半球の場合は南）の地域にも、思いがけない強い台風が襲来するようになるかもしれない。

台風は、大雨や強風などで我々の日常生活や社会に最も深刻な被害を与えうる事象のひとつです。例えば2013年にフィリピンを横断して大災害をもたらした台風第30号（ハイエン）のような台風が日本にもやってくるようになったらどうなるでしょう。実際に、2016年8月には、それまで台風の影響をめったに受けなかった北海道に、観測史上初めて3つもの台風が太平洋側から立て続けに上陸し、未曽有の被害をもたらしました。このときも、北海道南海上の海面水温は平年と比較して1～2度も高い傾向にあったのです。

もし温暖化が進んだとしたら、台風やハリケーンはどのように変わるのでしょう。変動しつつある気候のただ中に生きる私たちにとって、真剣に取り組まなければならない大きな課題です。

温暖化研究とスーパーコンピュータ ——数値シミュレーションによる台風の温暖化研究の幕開け

では、温暖化が進んだ未来の世界で、台風やハリケーンがどのように変わるのかを調べるためには、どうしたらよいのでしょうか。

答えは、天気予報の壮大な拡張版です。

現在の天気予報では、地球全体を細かい格子に分けて覆う全球モデルや、日本を含むアジア域といった領域を切り出して、さらに細かな格子で覆う領域モデルの、主に2つを用いた数値シミュレーションで、数時間、もしくは数日先の天気や台風の進路を予測しています。コンピュータの中に現実とそっくりの地球をつくり上げて、風の流れ、温度の変化、雲や雨などを計算し、時間経過とともにどうなるか調べるのです。もちろん台風やハリケーンも計算に入っています。

このアイデアを使って、コンピュータの中で温暖化した世界をつくり観察すれば、きっと100年後、台風やハリケーンがどのようになっているかを調べるヒントになるでしょう。

とはいえ、相手となるのは数時間や数日後のできごとではありません。温暖化が進んだ100年後の未来の地球や、そのなかでの台風やハリケーンです。気が遠くなるような時間経過をともないますから、莫大な計算をしなければなりません。普通のコンピュータでは不可能です。そこに、現れたのが「地球シミュレータ」という、日本が世界に誇るスーパーコンピュータです。

数値シミュレーションが主軸となる温暖化予測を含む、気候変動研究の歴史を「地球シミュレータ」抜きで語ることはできないでしょう。ここで簡単に、その歴史を振り返ってみます。2002年3月15日、初代地球シミュレータは、「地球シミュレータ」という呼び名のとおり、地球温暖化や地殻変動といった地球規模のシミュレーションを実施するため、海洋研究開発機構（横浜市）で運用を開始しました。2008年11月発表のスーパーコンピュータの世界ランキングTOP500で実行効率世界1位に君臨した、まさに世界最高性能のスーパーコンピュータです。2009年3月には、さらに性能をアップして第2世代に交代しました。2018年現在、2015年3月に運用を開始した第

3世代が活躍中です。

ハード（地球シミュレータ）の準備ができたら、今度はそれを利活用して研究に取り組む枠組みが必要です。こうして、2002年4月、文部科学省主導で「人・自然・地球共生プロジェクト」が立ち上がりました。このプロジェクトでは、研究課題の1つ目として「気候変動に関する政府間パネル（IPCC）の第4次評価報告書に寄与できる、より信頼度の高い温暖化予測を目指してモデル開発を行う」としているように、まずは100年も先の気候をもっともらしく予測することが可能な全球気候モデルの開発を主眼に置いていました。

その後、できあがった成果を最大限に活用するべく、2007年4月から21世紀気候変動予測革新プログラムが始まりました。ここでは、モデルの高精度化もさることながら、複数のモデルなどを用いた不確実性の低減にも力を入れられました。その後も、「気候変動リスク情報創生プログラム」、「統合的気候モデル高度化研究プログラム」や、自然災害に関する影響評価研究といった、より身近な課題にも目を向けつつ、温暖化による気候変動を科学の力で解き明かそうという試みが続いています。

では、温暖化が進んだら台風がどうなるかについて、最先端の研究を紹介します！

6・2 いざ、100年後へ！

台風の数の変化

温暖化した100年後の地球では、台風やハリケーンの活動はどうなるでしょう。まず、コンピュータの中に温暖化した100年後の地球をつくります。とはいえ、世界各国がどのくらい温室効果ガスの増加を抑える意向であるかは、科学者が決めることではありません。そのため、IPCCでは、温室効果をもたらすガスの濃度やエアロゾル（大気中の塵などの微粒子のこと）の量がどのように変化するか、仮説（シナリオ）を4つ用意しています。産業革命以前に比べて2100年には温室効果ガスがどのくらい増えるかを想定したもので、代表濃度経路（RCP）とよばれています。

これらのシナリオを用いて、全球気候モデルという、地球全体のさまざまな気象現象を精巧に表現できる数値モデルで、コンピュータの中に100年後の地球の大気や海をつくります。出てきた結果を見てみましょう（図6・3、口絵3）。これは、水平解像度20キロメートルという、全球気候モデルの中ではケタ違いに細かい格子のモデルで計算さ

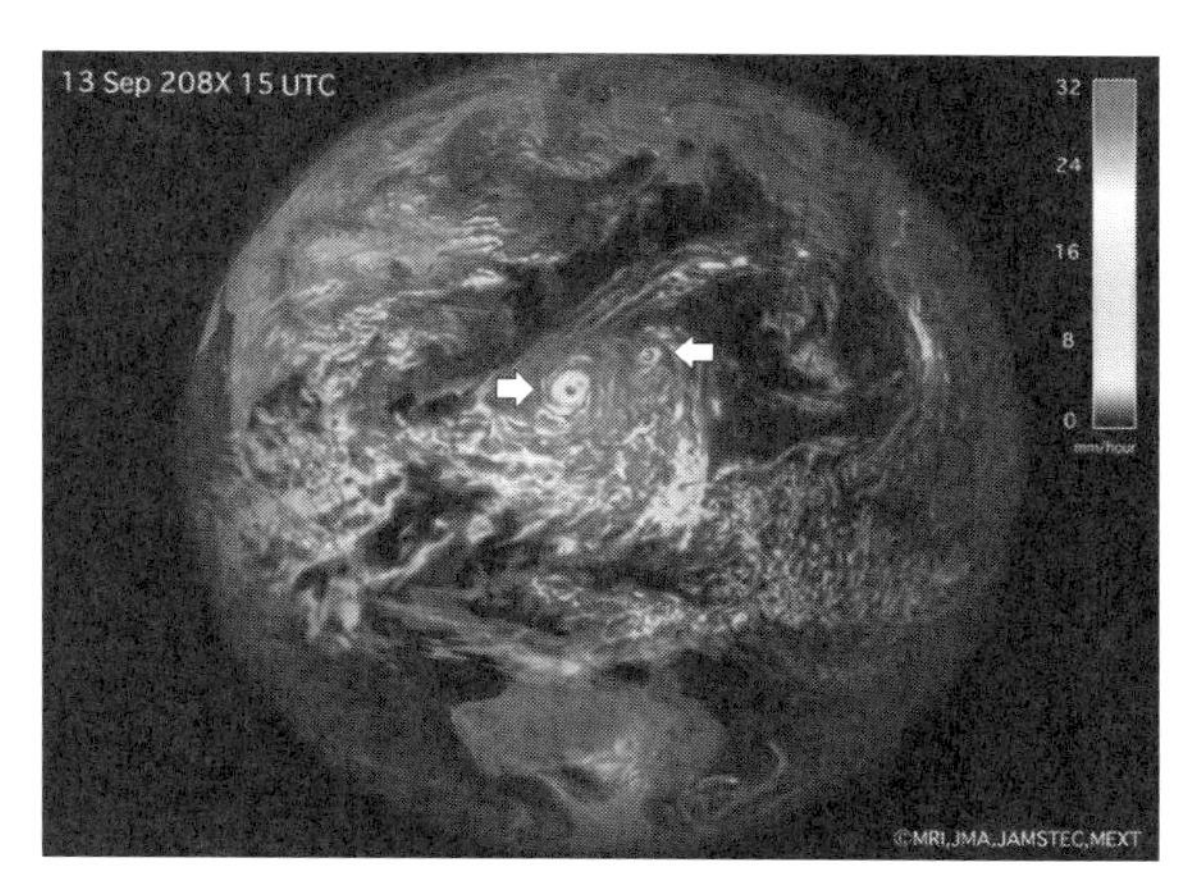

▶図6・3　気象庁・気象研究所で開発された20キロメートル格子の全球大気気候モデルによる、約100年後に人工衛星から地球を見た雲のイメージ図。21世紀気候変動予測革新プログラム広報用ビデオより。原図は気象研究所／気象庁提供。

れた結果から、雲と雨を衛星画像風に描いたものです。この時期に温暖化実験で用いられていた全球気候モデルの一般的な格子は１００キロメートルから２００キロメートルでした。現在、気象庁の天気予報で用いられている全球モデルも、20キロメートル格子です。それと同じ細かさで、なんと数十年分の計算をするのですから、この実験のものすごさは想像に足るでしょう。

なお、２０８Ｘ年9月13日となっているのは、この計算は21世紀末の変化傾向を調べるためのものであって、「○○年○月○日に実際に起こる」と予言しているわけではないからです。これは、気候予測実験を解釈するうえで十分に注意しなければならない点のひとつです。例えば、現在気候の再現実験をしても、現実に台風ができたまったく同じ日にモデルの中でも台風が再現されることはまずありません。気候変動実験のなかで注目しているのは、25〜30年といった長期に台風が何個できるといった、長い目で見た気候学的な見地からのものです。その点を強調するために、気候変動実験では、予報（forecast）ではなく予測（projection）という単語を用いて、天気予報とは区別することが多いのです。

図6・3に戻って、日本の南に直径数百キロメートルの大きな雲の塊が渦巻いている様子を見てとることができます。これが、モデルによって再現された台風です。その後、この台風は日本に上陸します。どうですか、天気予報でみなさんが目にする衛星画像とそっくりですよね。

では、この気候変動実験で再現された台風の経路を見てみましょう（図6・4）。図6・4aは、気象庁のベストトラックデータのものです。ご覧のように、大部分の台風は、フィリピンの東海上で生まれ、その後、北上しながら西進し、日本の南海上で東へと向きを変え、日本へとカーブを描いて接近・上陸・通過します。現在気候実験と温暖化気候実験の一セットで構成される気候変動実験のなかから、まず現在気候実験で、こ

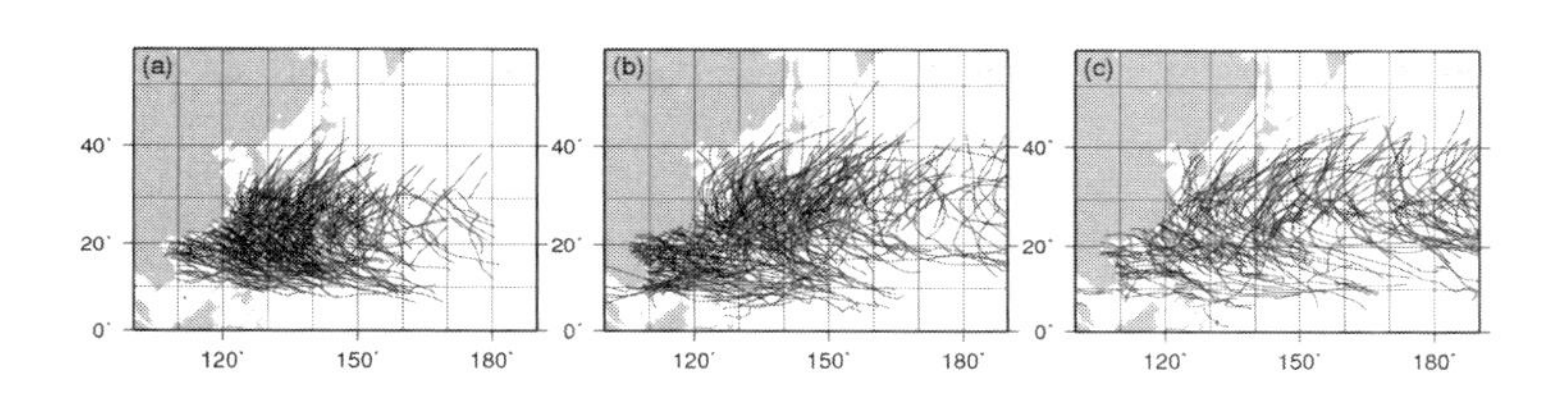

▶**図6・4**　台風の経路図。(a)気象庁ベストトラック（1979〜2003年）、(b)現在気候実験（1979〜2003年）、(c)温暖化気候実験（2085〜2099年）。加藤雅也氏作成。

れらの特徴がとらえられているか見てみましょう（図6・4b）。フィリピン東海上で発生し、その後北上しながら西進し、カーブを描いて日本周辺域に向かうといった前述の特徴をうまくとらえているようです。では、約100年後（2075年〜2099年）の未来にはどうなるか、温暖化気候実験で確認しましょう（図6・4c）。あれれ、図6・4bと比べて線がまばらになって数が減っているように見えませんか？

これは気のせいでも目の錯覚でもありません。実験結果から、北西太平洋域に発生した台風（ここでは強めの台風に着目して最大風速毎秒33メートル以上のものを対象にします）の平均個数を数えると、現在気候の1979〜2003年の25年間で、1年あたり平均16個前後見られた台風が、およそ100年先の未来、2085〜2099年の25年間には、1年あたりで平均10個と、かなり減る傾向にありました。

その理由を考えてみましょう。

台風は、暖かい海からもらう水蒸気をエネルギー源にしているので、海面の水温が上昇すれば、台風の発達には好都合になるはずです（詳しくは第3章参照）。ところが、じつは地球温暖化で暖まるのは海だけではありません。同時に大気も暖まります。しかも、大気の暖まり方は一様ではなく、場所や高さによってムラがあります。台風の発達にとって、特に留意しなければならない点は、台風が主に活動する北緯30度以南の低緯度帯では、対流圏の昇温が高度を増すにつれて大きくなることです（図6・5）。その理由としては、温暖化気候時には地表付近の水蒸気が増えて、雲の中でつくられる熱（潜熱）も増えます。その効果が、対流圏の上層ほど大きくなるからとされています。

一般に気体や液体には、冷たい（重い）ものほど下へ、暖かい（軽い）ものほど上にいく傾向があります。これが逆転して、冷たい層が暖かい層の上に乗ったとき、大気の状態は不安定になって、対流現象が活発になります。壁雲とよばれる台風の目の周りの背の高い雲の中で起こっているこの対流現象こそ、集めた水蒸気から台風のエネルギーを引き出す仕組みなのです。つまり、温暖化気候の対流圏では現在気候のときと比べて上の層ほど暖まり方が大きいということは、大気が安定化して、台風がエネルギーを引き

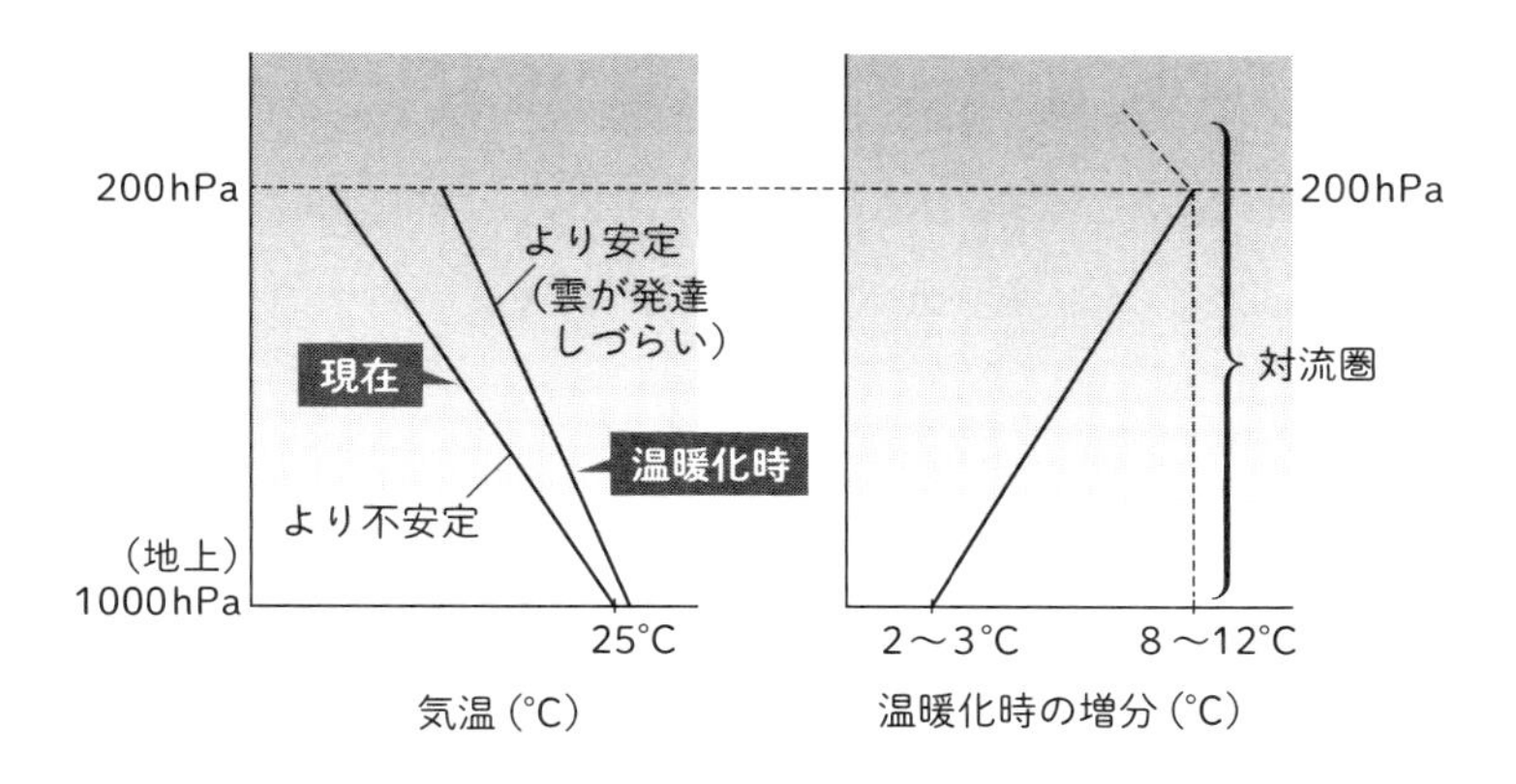

▶**図6・5**　現在気候と温暖化気候における対流圏の気温変化。

出すためのカギとなる対流が起こりにくくなるということでもあるのです。これが、温暖化気候で見られた台風の減少傾向を説明する有力な説のひとつです(杉ほか2012)。

海面水温の上昇、対流圏上層の昇温にともなう安定化による対流の抑制、地球規模の大気循環の変化による台風の発生地点や経路の変化など、温暖化による台風の変化には、数や経路にかぎったとしても、いろいろな要素が絡み合って起こると考えられています。だからこそ、実際に、温暖化した100年後の地球をつくって、そのなかで台風やハリケーンがどのように変わるか注意深く調べる必要があるわけです。

台風の数と強さの変化

次に気になるのは、台風の強さの変化です。

ちまたの科学番組やニュースなどで、「温暖化の影響でスーパー台風が日本を襲う！」といったセンセーショナルな見出しをしばしば目にしますが、本当に強い台風が増えるのでしょうか？　気候変動実験の結果で見てみましょう。

とはいうもの、数十年単位で計算する地球規模の数値シミュレーションで、台風の強さや構造までをリアルに表現するのは至難の業です。２０１０年頃まで、気候変動実験で用いられる全球気候モデルでは、ひとつの格子は１００〜２００キロメートル前後がほとんどでした。この格子サイズでは台風の直径が１０００キロメートルあったとしても、わずか数格子にしかなりません。台風の特徴のひとつである目にしても、直径が20〜１００キロメートルほどですから、表現できるはずもありません。台風の最低中心気圧や最大風速にしても、シミュレーション結果は現実的な値とはほど遠いのが実情でした。そのため、温暖化研究開始当初は、「台風やハリケーン」ではなく「台風やハリケーンのような渦」という表現を使って、台風の将来変化のヒントとしていました。この格子間隔を20キロメートルと、現在の天気予報なみに細かくすれば、かなりリアルな台風

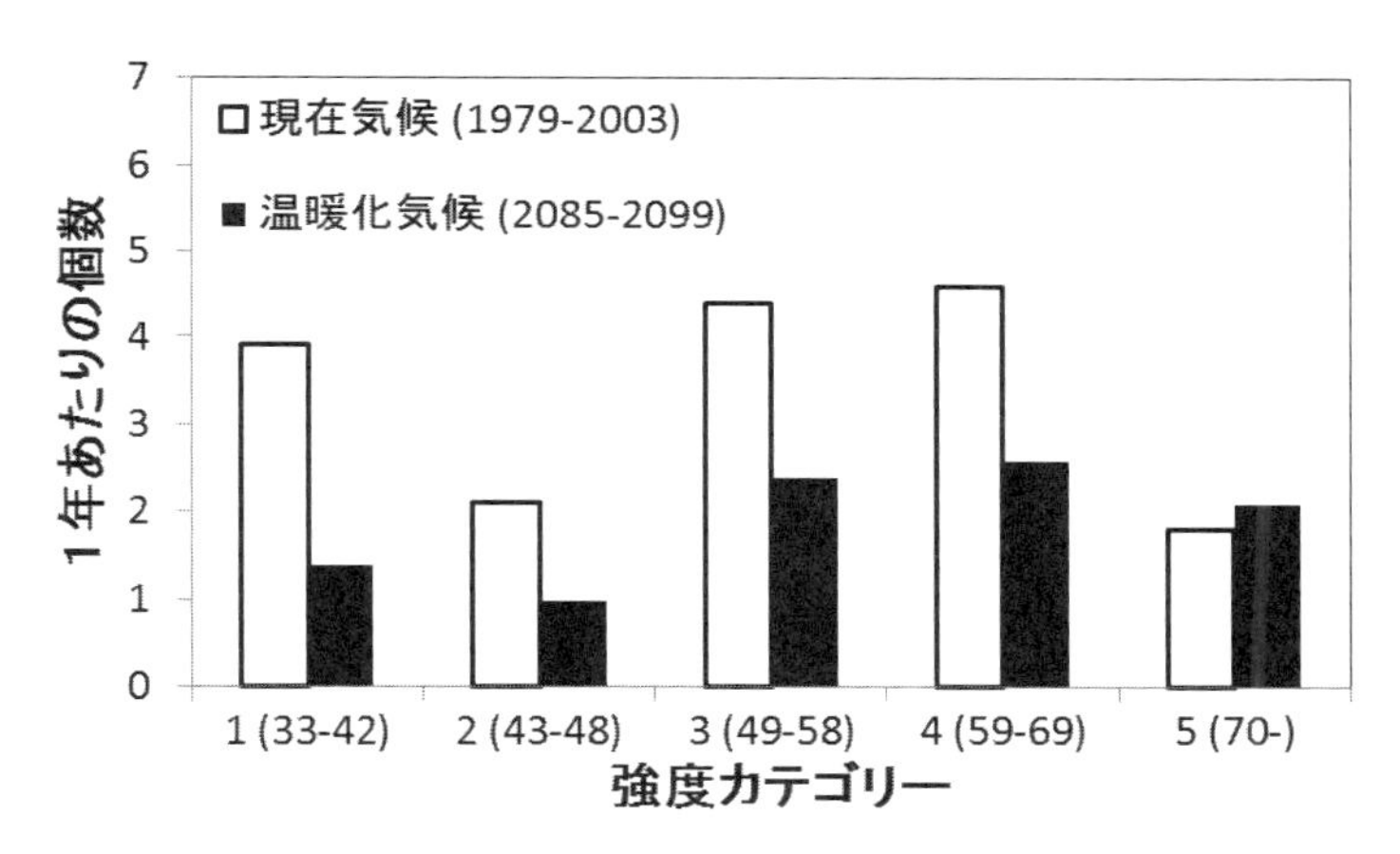

▶**図6・6**　気候変動実験で再現された北西太平洋域の台風の強度別平均個数（1年あたりに換算）。現在気候実験（白）、温暖化気候実験（黒）。強度カテゴリーはサファ・シンプソン・ハリケーン・ウィンド・スケール（表6.1参照）。

像を得ることが可能になります。

北西太平洋域の台風の数について、今度は台風の強度別に見てみましょう（図6・6）。なお、ここでは強度のものさし（スケール）として、熱帯低気圧の研究で世界的に用いられているSaffir-Simpson Hurricane Wind Scale（サファ・シンプソン・ハリケーン・ウィンド・スケール）を用いることにします（表6・1）。このものさしでは、最大平均1分風速が毎秒33メートル以上を対象に、弱いものから順にカテゴリー1、2、3、4と呼び、最大平均1分風速が毎秒70メートル以上となると一番強いカテゴリー5になります。気象庁などが用い

表6・1　サファ・シンプソン・ハリケーン・ウィンド・スケールによる台風の強度カテゴリー

カテゴリー	最大平均1分風速（メートル毎秒）
1	33～42
2	43～48
3	49～58
4	59～69
5	70以上

ているWMO標準に準拠した、最大平均10分風速ではないことにご注意ください。カテゴリー5の台風は、最低中心気圧としておおむね910ヘクトパスカル程度になります。このカテゴリー5の台風は、北西太平洋全域でも1951～2016年の66年間に計120例と、1年につき平均で2例弱です。まさに、選りすぐりの最強台風ですね。

では、いよいよ実験結果を見ていきましょう。まず、1979～2003年のカテゴリー1以上の台風の数は、気象庁のベストトラックの年平均16～17個に対して、現在気候実験では17個と、なかなかの再現性でした。強度カテゴリー別の内訳にしても、気候変動実験で用いられている格子の粗いモデルでは再現できないカテゴリー4～5といった強い台風の頻度もとらえることができました（図6・6）。例えば、現在気候実験でカテゴリー5の台風は1年につき平均で1・8例と、かなり優秀な再現性です。

次に、これらの数が約100年後にはどうなるのでしょうか。おや、カテゴリー1〜3の比較的弱い台風の数は減っていますが、強い台風として警戒が必要なカテゴリー4〜5の台風の数は逆に増えています。

原因としては、次のようなカラクリが考えられます。杉ほか（2012）もふれたように、100年後の対流圏は大気成層状態が安定化するため、対流が抑制されてしまいます。その結果、弱い台風は発達することができません。一方で、水蒸気をたっぷりと集めて背の高い壁雲対流の形成に成功した選りすぐりの台風は、海面水温の上昇にともなう水蒸気増加のご利益を受けて、より強く発達できるのです。

なお、温暖化が進んだ100年後、熱帯低気圧の総数は減るが、強い熱帯低気圧の個数もしくは全体数に対する割合は増加するという傾向は、他の全球気候モデルを用いた国内外の多くの気候変動実験に共通の予測結果です。

100年後の最も強い台風は、現在よりももっと強くなる可能性が高そうです。では、次節で、気になる100年後の強い台風像を見ていきましょう！

6・3 最凶台風に挑む

1959年9月に紀伊半島に上陸し、伊勢湾沿岸域に未曾有の被害をもたらした、伊勢湾台風の最低中心気圧は895ヘクトパスカルでした。2013年、フィリピンに上陸し壊滅的な被害をもたらした台風第30号（ハイエン）も、最低中心気圧は895ヘクトパスカルです。現在、北西太平洋域で確認された最強の台風は、1979年の台風第20号（チップ）で、最低中心気圧は870ヘクトパスカルでした。

ところが、100年後の未来における最強の台風の最低中心気圧は、なんと850ヘクトパスカル前後に達するという予測結果もあります。では、仮に100年後の未来では最低中心気圧が850ヘクトパスカル近くまで発達した台風が出現するとしたら、その台風はどのような風雨をもたらしうるでしょうか。本節ではこの難題を中心に、わかりやすい具体例もおりまぜて、最先端の研究動向を紹介します。

100年後の最凶台風

今からおよそ100年後の未来、一番強い台風はどのくらいまで強くなり、そのとき

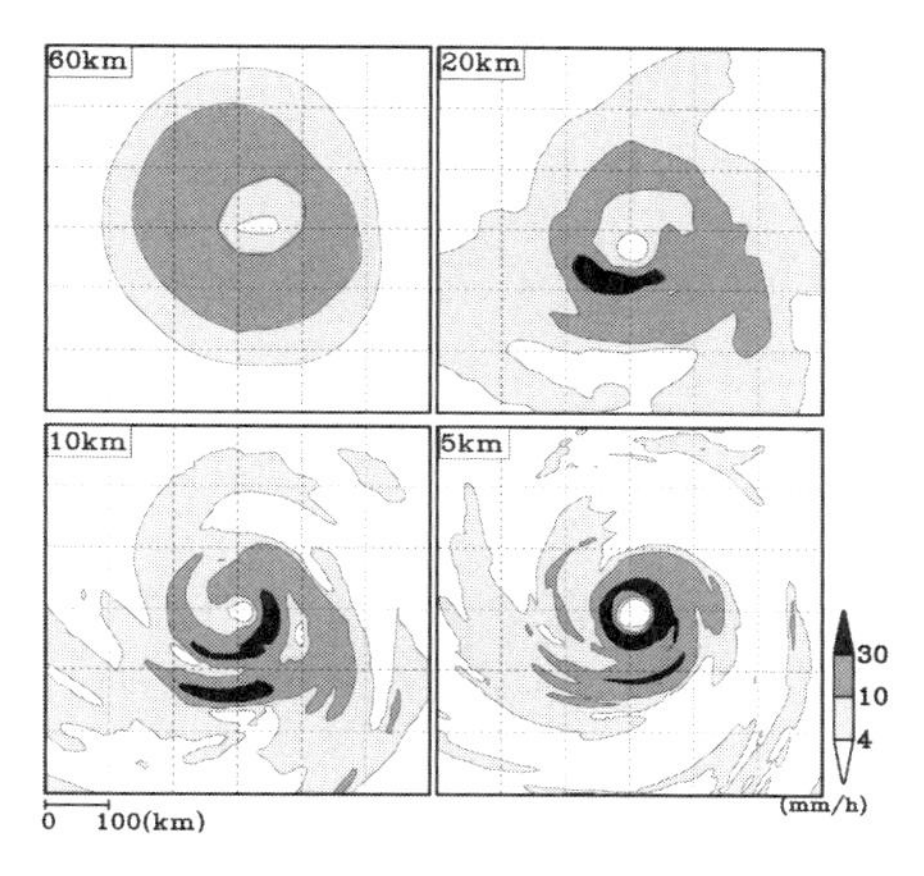

▶図6・7　格子間隔60キロメートル、20キロメートル、10キロメートル、5キロメートルで再現された狩野川台風（1958年9月）の最発達期の降雨分布。

どのような構造をもつのでしょうか？

非常に強い台風をシミュレートするには、20キロメートルというケタ違いに細かい格子サイズでもまだ足りません。少なくとも数キロメートル以下の格子の、超高解像度にする必要があります。

図6・7に、1958年関東地方に大災害を引き起こした狩野川台風を、格子サイズを変えてシミュレートした例を示します。60キロメートル格子では、ドーナッツ状の雨域が広がるだけで、台風の特徴である、長くのびた渦状腕といわれる降水域は見られません。20キロメートル格子で目と渦状腕がやっと見えてきます。10キロメートル格子から、台風の目、

その周りの壁雲にあたる強雨域、渦状腕と、台風らしい構造になっていきます。さらに細かくした5キロメートル格子で、やっと強い台風の特徴である、くっきりとした丸い目、それを囲むリング状の強雨域が見えてきます。どうですか？　格子サイズで、ここまでコンピュータのなかで再現される台風の構造が変わってきてしまうのです。

世界最高峰のスーパーコンピュータである地球シミュレータをもってしても、数キロメートルの格子で地球全体を覆って、何十年分もの気候変動実験をすることはまだできません。そこで、また天気予報の応用です。気象庁の天気予報では日本付近のより詳細な気象状況を予報するために、20キロメートル格子の全球モデルのなかに、日本周辺域だけメソ領域モデルという5キロメートル格子のモデルを埋め込んでいます。同様に、全球モデルによる温暖化実験の結果から強い台風を選んで、それらの台風についてもっと細かい格子で計算しなおせばよいのです。このような手法をダウンスケールとよびます。

例として、先に紹介した、20キロメートル格子の全球モデルによる気候変動実験の、現在気候実験と温暖化気候実験の結果から、強い台風を上からそれぞれ6例ずつ選んで、2キロメートルというとても細かい格子でダウンスケールした研究の結果を見てみましょう。

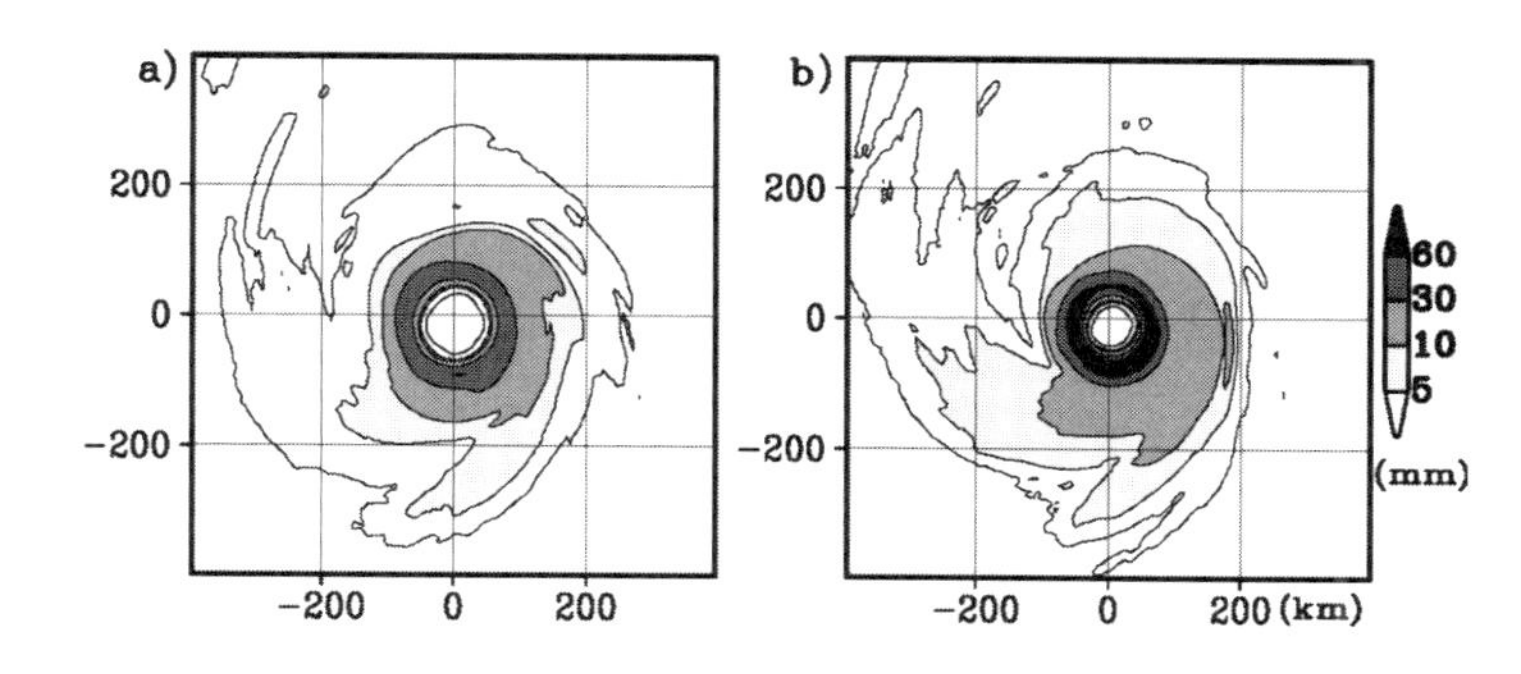

▶**図6・8**　5キロメートル格子の領域モデルで再現された最盛期の非常に強い台風の降水分布の例。a) 現在気候実験、b) 温暖化気候実験。

6例を平均した最低中心気圧は、現在気候の870ヘクトパスカルから、温暖化気候では850ヘクトパスカル台になりました。台風が最も強いときの雨の分布を比較してみると、温暖化気候実験の最も強い台風は、現在気候の最も強い台風と比較して、目を囲むリング状の雨域が強いことがまずわかります（図6・8）。この雨は壁雲からもたらされるものですが、現在気候では時間雨量30ミリメートル少しであったものが、およそ倍の60ミリメートル以上になっています。

それだけではありません。温暖化気候の最強台風では、この強い雨域が特に中心付近にきゅっと集中していることがわかります。強風域も同様に、温暖化気候ではより強く、中心にコンパクトにまとまる傾向がありました。

ＩＰＣＣのＡＲ5でも、１００年後の台風やハリケーンは現在と比較して、中心付近の風雨が増す傾向にあると予測しています。このことは、温暖化が進んだ１００年後の未来において、もし仮に最強の台風が襲来したら、より強いだけでなく、台風の接近にともなって風雨の急変に注意が必要な可能性を示しています。

１００年後の強い台風の変化 —— 強さが同じ場合

では、見方を変えて、現在と１００年後の未来で、台風の最低中心気圧といった強さが同じだったらどうなるでしょうか？

この難問に山田ほか（２０１７）は、全球雲システム解像大気モデルによる全球気候変動予測実験で取り組みました。格子サイズは14キロメートルとやや控えめながら、のべ60年間分にもおよぶ全球気候変動実験を行なうことで、地球温暖化による台風の活動や構造の変化を解明しようとしたのです。彼らの結果によると、たとえ同じ強度カテゴリー4の台風であっても、温暖化時には強風域の範囲が拡大しました。現在気候と比べて温暖化気候では台風が存在する低緯度域で、圏界面の高度が1キロメートル前後上昇します。その結果、台風の目の周りの壁雲も高くなり、水蒸気から雲を生成するときに放出するエネルギー（潜熱）が増加して周辺の気圧が下がることが関連しているというのが彼らの主張です。

6・4 まとめ

地球温暖化は台風にどのような影響を与えるのか、わかっていることとわかっていないことについて、最新の知見を紹介しました。いかがでしたか？

地球温暖化が進んだ100年後の台風やハリケーンについて、これまでにわかっている範囲でまとめると次のようになります。

- 現在と比べ、台風やハリケーンの総数は減少するが、強いものの割合は増加しそうである。
- 最も強い台風は、最大強度がより強く、中心付近の風雨がいっそう強くなる可能性がある。ただし、かならずしも巨大化するとはかぎらない。
- 同じ強度カテゴリーでも、強風域が拡大するなど、より脅威につながりうる構造変化をとげるかもしれない。

今後、研究がさらに進展し、より確度の高い情報に更新されることが期待されます。現在、温暖化予測の精度は着実に向上しつつあります。30年や100年に一度の台風について知るために、計6000年分にもおよぶ気候変動実験を行なう「地球温暖化対策に資するアンサンブル気候予測データベース：database for Policy Decision making for Future climate change (d4PDF)」という取り組みもなされています。

とはいえ、格子間隔が小さな数値モデルの多くは、台風による海洋の冷却効果をまだ十分に考慮していないといった問題も残っています。大気や海洋を結合することを含め、現実の地球により近づいた「地球システムモデル」の高度化が必要です。

台風やハリケーンは、私たちの日常生活に最も大きな影響を与えうる事象です。仮に地球が温暖化することにより変化するのだとしたら、その行く末を注意深く見すえる必要があります。未来の人々は、そのときの地球環境を選ぶことはできません。決めるのは、今、ここにいる私たちです。その意味で、今に生きる私たち一人ひとりが、変わりつつある気候の主役ともいえるでしょう。

参考文献

1 Sugi, M., and J. Yoshimura, 2012: Decreasing trend of tropical cyclone frequency in 228-year high-resolution AGCM simulations. *Geophys Res Lett* 39:L19805.

2 Yamada, Y., M. Satoh, M. Sugi, C. Kodama, A.T. Noda, M. Nakano, and T. Nasuno, 2017: Response of tropical cyclone activity and structure to global warming in a high-resolution global nonhydrostatic model. *J. Clim*. 30, 9703–9724.

column 13

台風研究者カナダの回顧

本コラムでは、私がこの世界に魅了されたきっかけ、いわば入口に立ったエピソードを紹介します。

いまからはるゥかン百年……ではなく、ン十年。父の仕事の関係で、アメリカ・イリノイ州のシカゴ近くに一家で住んだことがあります。当時、父は大学で原子核物理を研究していて、共同研究者がフェルミ国立加速器研究所に招へいしてくださったのです。家族も研究所内のレジデンスに住んでいました。うっそうと木立が生い茂る森の中で、朝夕、プレーリードッグやリスの訪問を受けました。まぁ、お隣は直径2キロメートルの円形加速器だったわけですが。

渡米は5月のこと。1ヶ月もすれば、アメリカでは夏休みです。夏休みといえば自由研究ですね。

兄、私、妹と子供は3人いましたが、どういうわけか父は渡米前に、当時小学校高学年だった私に提案しました。

「ねぇ、せっかくだから、夏休みの自由研究で、アメリカに行くからこそのことをしてみない？」

「それって例えばどんなこと？」

聞き返した私に対して、父はにこやかに答えます。

「さっちゃん（私の名前）の知りたいことだね」

サイエンティストの父は、毎度この調子でした。しかも、今回は条件がつきます。

「道具は小さくて軽くて簡単なものね。ア

メリカに行くんだよ。荷物はあまり持っていけないからね」

いろいろと考えた末に思いついたのが、アメリカと日本の天気の違いです。なにをかくそう、当時から私は日本の夏の蒸し暑さが大の苦手でした。そして、渡米前、父がしきりに「アメリカはいいよ。夏も涼しくて。気温が上がってもカラッとしてるんだ」と言っていたからです。

両親にそのむね伝えると、乾球温度計（普通の温度計）と湿球温度計がセットになった乾湿計（図6・9）を用意してくれました。湿球温度計は、先端を水で濡らしたガーゼで包むものです。空気が乾燥していると蒸発が盛んになって熱を奪われ、湿球温度計の温度（湿球温度）が下がります。小さな変換スケールがついていて、乾球温

乾湿計。

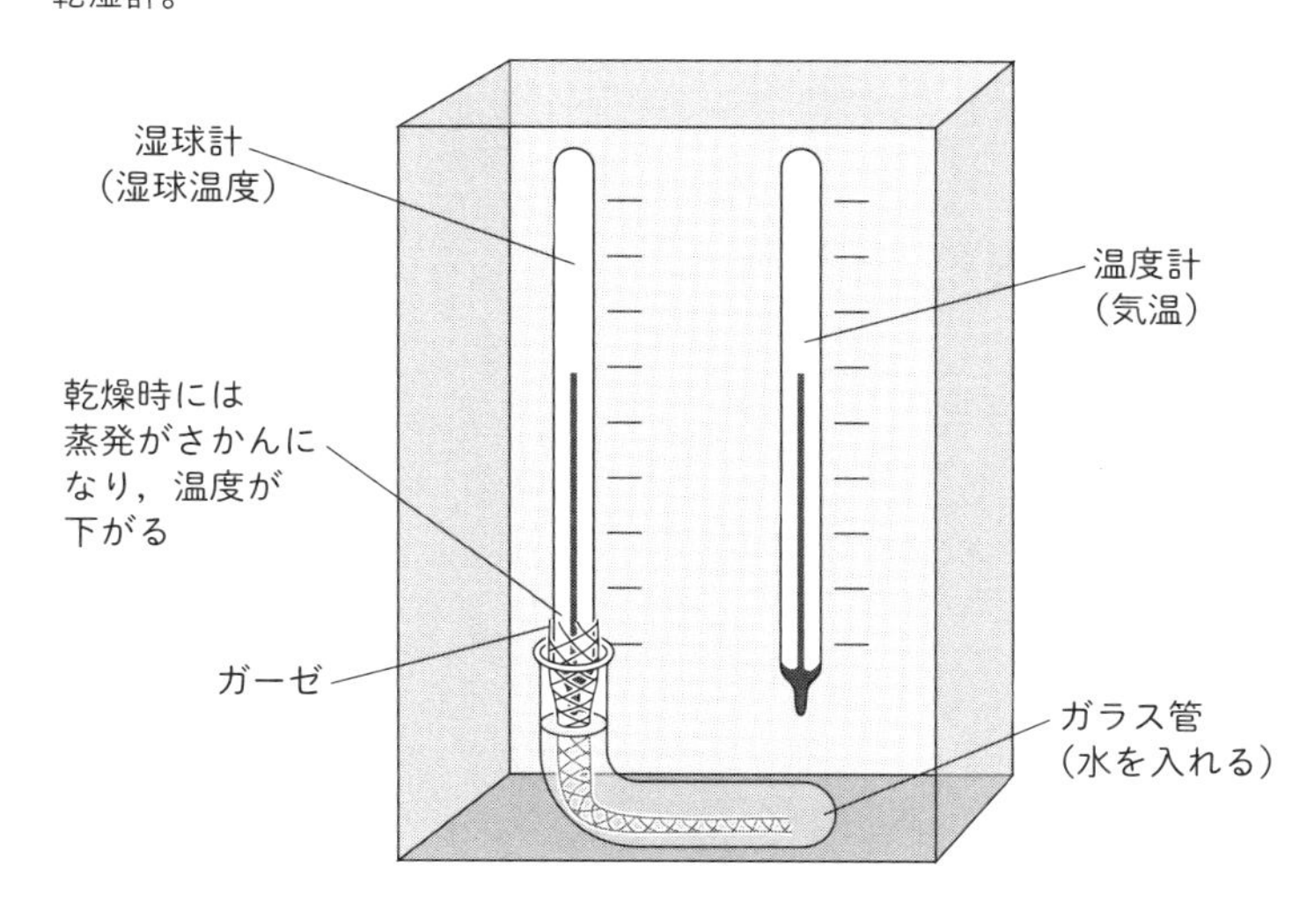

度計で測定した温度（気温）と湿球温度計で測定した湿球温度から湿度がわかる仕組みになっていました。それを渡米時に持参して、ひと夏、1時間ごとに気温と湿度を測ったのです。

シカゴは北緯42度付近に位置し、五大湖が近いこともあり、亜寒帯湿潤気候ではあるものの、真夏でも平均最高気温は摂氏28度前後、平均最低気温は20度を切ります。真夏の日差しが照りつけていても木陰に入れば涼しいこと！　毎日の測定で驚いたことは、気温と湿度の日変化が非常にはっきりしていたことです。早朝は19度前後でも、14時頃には29度前後となります。しかし、日が傾けば、たちまち20度近くまで下がっていきます。気温差が非常に大きいので、外出時には羽織るものが必要でした。

夏休みが終わる頃、この発見をわくわくしながら父に報告しました。方眼紙に私が手書きしたグラフを見て、父は言いました。

「ほう、これはうまく日変化が出ているね。おもしろいね」

それから、

「でも、これだけでは、日本とどう違うのかはわからないね」

「え？」

「だって、日本のデータがないじゃない。だから日本とどのくらい違うかは、このグラフからだけではわからないよ」

「でも、お父さん、もう日本の夏も終わっているよ」

「来年だね」

かくて、サイエンスの奥深さを知ったというか、サイエンティスト（父）の手ごわさを知ったというか、いずれにせよ、気象学者としての入り口に立ったわけです。

義務教育の期間、計2回渡米・滞在しました。当時、その町では私たちが初めての日本人でした。英語が母国語ではない子女のコースもなかったので、現地のごく普通の一般校に通い、みんなと同じ授業を受けました。あいにく英語をりゅうちょうに話すことはできませんが、ヒヤリングはおおむねできます。なによりも、どんな英語を使っても、なんとしてでも自分の意思を伝えるスキルは身につきました。

初めての日本人（外国人）で英語も話せないとのことで、いくつかの学校に受け入れを断られたと後日聞きました。しかし、最終的にはある学校の校長先生が「学校に来たいというお子さんがいるなら、どなたでもいいです。いつでもいいです。なんなら明日からでも。とにかくいらしてください」と面接のその場で歓迎してくれました。学校まで遠かったので、わざわざスクールバスを出してくれました。スクールバスの運転手さんも明るく朗らかな女性で「日本人が来たっていうんで、町でやった日本語クラスに行ったんだ。イチ、ニ、サン…あと、なんだっけ？　忘れちゃった！」と、いつも会話が絶えませんでした。

それから、ン十年後、研究者になった今の私がいます。たった2回の出来事でしたが、そのときの体験はかけがえのない宝物として、私の中でいまだきらきらと輝いています。

column 14

「最悪シナリオ」という考え方にいたるまで

生まれてからまだ日の浅い、日本の地球温暖化研究ですが、こんにちにいたるまで山あり谷ありの道のりでした。そのなかで、温暖化を含む気候変動研究に特有の考え方や表現も生まれています。ここでは、それら本文で入りきらなかったエピソードを、道のりを追いつつ紹介します。

●「予報モデル」と「気候モデル」

さて、世界でもトップレベルのスーパーコンピュータ地球シミュレータを得て、気候変動に関する政府間パネル（ＩＰＣＣ）の第４次評価報告書に貢献すべく、華々しく開幕したように見える日本の温暖化研究ではありますが……。

じつは、当時はまだ20〜１００年単位で実行しても結果が保証される数値モデルも準備万端、とはいいがたい状況でした。そもそも、天気予報に使うようなリアルな気象現象を再現できる、高度な数値モデルでン十年分もの気候実験を行なうこと自体なかったのです。しかも、目標とする１００年分の予測実験をしたところで、出てきた結果が正しいかを確認するすべもありません。

というわけで、数十年単位で計算しても、もっともらしい結果を出してくれるだろうモデルの開発が始まりました。

天気予報に使う「（全球）予報モデル」では、ひんぱんに（それこそ1時間〜数時間ごとに）観測データを取り込んで、実際の気象現象に追随するよう工夫をこらしています。一方、数十年分単位の気候値の表現を目標とする「（全球）気候モデル」では、モデル自身の力で「たぶん実際に起こりうる気象現象」もしくは「理学的見地から起こってもおかしくない範囲の状態」を創りだしていかなければなりません。そのためには、大気モデルに海洋モデルや陸面モデルなどを組み合わせた、かつ長時間計算をしても不安定にならないモデルシステムが必要です。

●「タイムスライス実験」

このモデル開発の考え方について、人・自然・地球共生プロジェクトに参画した研究者らには、大きく2つのグループがありました。ひとつは全球大気モデルに海洋モデルを結合して、現在から100年先までひとつながりで計算しようというグループです。ただし、小さな誤差でも、100年分も積み重なれば大きなものになります。事実、このグループは開発当初、海水温のドリフト（下がりすぎや上がりすぎ）に悩まされました。

もうひとつのグループは、海洋モデルを結合せず大気モデルのみを使うことで計算時間を削減し、そのぶん格子を細かくすることに費やすと決めました。なぜなら、台風や大雨といった極端な気象現象を表現するには、格子サイズを細かくしなければならないことがわかっていたからです。後続の21世紀気候変動予測革新プログラムで、このグループは「チーム極端現象」とよばれるようになりました。海面水温分布は、大気海洋結合モデルによる温暖化実験の結果をもらいます。さらに、現在から未来の100年分を計算するのではなく、例えば21世紀末の20~30年分といった気候値の作成に必要な期間だけを対象にすることにしました。このスタイルをタイムスライス実験とよびます。

●「不確実性」?「確実性」?

こうして、気候モデルを開発し、ン十年単位の気候変動実験を行ないました。ところが、出てきた結果の解釈が難しいのです。まず、来てもいない未来のことなので、検証することができません。そこで、現在気候実験で再現性がよかったら、それはモデルの性能がよいということなので、きっと未来の実験結果ももっともらしいに違いないと考えることにしました。ところが、世界各国のトップレベルの機関が誇る最先端のモデルによる最高の気候変動実験でありながら、用いる数値モデルやデータセットによって、同じ結果になるとはかぎらないのです。そこで、できるだけ多数のモデルによる多数の実験結果を集めることで、未来はそのばらつきのなかのどこかにあるという「不確実性」という概念を提案しました。ヨーロッパには、「いやいや、未来があるばらつきのなかにあるといえるなら、不確実性などという後ろ向きな言い方ではなく、確実性といおう!」と提唱する研究者もいました。

●極端現象…「最悪シナリオ」という考え方

数十年という長期間分、安定した計算が可能な気候モデルの開発と実施にいそしんだ人・自然・地球共生プロジェクトに続く21世紀気候変動予測革新プログラムでは、不確実性の定量化や低減が大きな目標になりました。複数のモデルを使い、かつ入力データ、計算開始時刻、格子間隔などを少しずつ変えた実験を大量に行ない、確率を出そうという作戦です。格子間隔が細かいがゆえに大量の実験ができなかった「チーム極端現象」は非常に肩身がせまかったです。それたしかにカテゴリー4や5といった、それまで格子間隔の粗いモデルには難しかった強い台風の表現も可能です。とはいえ、今の天気予報でも数日後の台風の進路や強度さえ当たるとはかぎらない現状です。「年に1回か2回、しかもいつ・どこで起こるかもわからない台風や、50年だか100年に1度の大雨について調べるくらいなら、もっと他のことに資源や労力を使いませんか?」という意見も根強くありました。

大きな転換期になったのは、2011年3月11日14時46分頃の東北地方太平洋沖地震です。

余談ですが、このとき私はつくば市在住で、この地震を震度6弱で体験しています。つくば市内のコンベンションホールで、ほかでもない21世紀気候変動予測革新プログラムの国際ワークショップに参加していました。大きな揺れを感じ、外に避難したときには、電気が止まり、あたりは静まり返っていました。もちろんテレビも視聴できなかったので、東北沿岸の津波の被害を知ったのは、1週間もたった後のことです。数百年に1度起こるか起こらないかの遠い机上のできごとだったはずのものでも、実際に身にふりかかるのだと思い知ったのはまさにこのときです。

日本の少なからぬみなさんが、同様の実感をえたのでしょう。

この震災であらためて「最悪シナリオ」という考え方が注目されるようになりました。

「最悪シナリオ」というのは、台風を例にとるなら、想定可能な範囲で最悪の被害を引き起こしうる台風の強さと経路、それからもたらされる被害そのものを指します。一般に強い台風ほど強風などで大きな被害をもたらす傾向にあるため、将来、考えられうる台風の最大強度の推定が大きな目標になります。

それまでの温暖化研究で用いられていた100キロメートル程度、あるいはうんとがんばって60キロメートルの格子では、カテゴリー4や5といった強い台風は表現すること自体できません。モデルの能力の限界を超えた気象現象について語ろうとしても、数十回いや数百回、実験を行なったところで、できないものはできません。東北地方太平洋沖地震のように数百年に1度しか起こらない地震でも、ひとたび起こればとてつもない被害をもたらすのです。そもそも気になるのは、温暖化したときの日々の気温もさることながら、たとえ回数は少なくても、未曽有の災害をもたらしうる強い台風が襲来したらどうなるかですよね?

こうして、東北地方太平洋沖地震の悲惨な体験を契機のひとつに、「最悪シナリオ」

という考え方があらためて注目されるようになりました。21世紀気候変動予測革新プログラムの「チーム極端現象」からも、最悪台風を想定するワーキンググループが立ち上がりました。目的は、温暖化が進んだ100年後の未来では、最も強い台風はどこまで強くなりうるかをつきとめること、さらにそのときの高潮・洪水といった被害を影響評価グループとタッグを組んで予測することです。

現在も気候変動予測研究の知見は、影響評価研究や適応策への応用などを含め、毎年のように更新されています。

台風なんでもランキング

【年別上陸数ランキング】

最も多く台風が日本に上陸した年はいつ？

→ 2004年（10個）

2004年に日本への台風の上陸数が多かったのは、例年に比べて太平洋高気圧の位置が北にずれていて、台風が日本に来やすい気圧配置だったことが原因と考えられています。

（気象研究所技術報告（http://www.mri-jma.go.jp/Publish/Technical/DATA/VOL_49/49_000.pdf）を参照）

1位	10個	2004年
2位	6個	2016年、1993年、1990年
3位	5個	1989年、1966年、1965年、1962年、1954年

（気象庁より）

【上陸数が多い都道府県ランキング】

台風の上陸数が最も多い都道府県は？

→ 鹿児島県（41個）

あれ、沖縄県が1位じゃないの？ 沖縄県の場合、「上陸」ではなく、「通過」という表現を使うため（19ページ参照）、ランキングには含まれないのです。

順位	都道府県	上陸数
1位	鹿児島県	41個
2位	高知県	26個
3位	和歌山県	23個
4位	静岡県	20個
5位	長崎県	17個
6位	宮崎県	12個
	愛知県	12個
8位	熊本県	8個
	千葉県	8個
10位	北海道	6個

（気象庁HPより　統計期間：1951年～2018年第3号まで）

【上陸数が多い国ランキング】

台風やハリケーンなどの上陸が最も多いのはどの国？

→ 中国

1位	中国　6.7個／年
2位	フィリピン　4.0個／年
3位	日本（気象庁の定義とは異なり南西諸島を含む）　3.7個／年
4位	アメリカ　3.3個／年
5位	メキシコ　3.2個／年
6位	ベトナム　2.9個／年
	オーストラリア　2.9個／年
8位	マダガスカル　1.6個／年
9位	インド　1.4個／年
10位	ラオス　1.3個／年

（広瀬駿・筆保弘徳調べ。統計の詳細は、筆保ほか『台風の正体』朝倉書店、2014年）

【台風ご長寿ランキング】

最も長生きした台風は、何日生きたでしょうか？

→19日0時間

1位　19日0時間

2017年台風第5号（2017年7月20日21時～8月8日21時）
1972年台風第7号（1972年7月7日21時～7月26日21時）

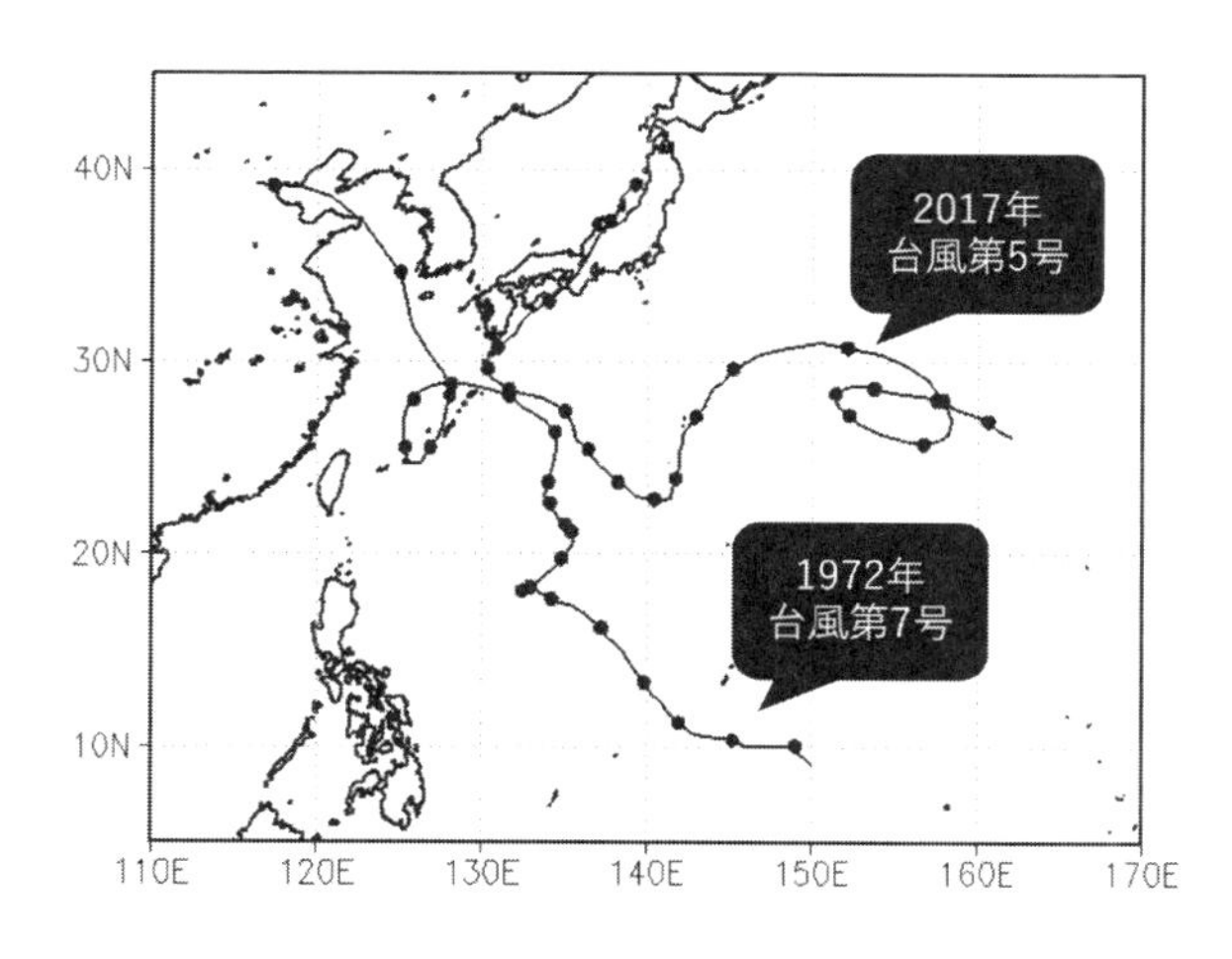

【台風発達ランキング】

最も発達した台風は？

→1979年 第20号

(870hPa)

2010年の台風第13号を除くと、すべて1984年以前の台風です。ただし、1987年以前は米軍による直接観測、以降は静止衛星の衛星画像を用いた推定値と、手法が異なることに注意が必要です。

順位	中心気圧	台風
1位	870hPa	1979年 第20号
2位	875hPa	1973年 第15号
	875hPa	1975年 第20号
3位	877hPa	1958年 第22号
4位	880hPa	1966年 第4号
		1978年 第26号
		1984年 第22号
5位	885hPa	1953年 第7号
		1959年 第9号
		1971年 第35号
		1983年 第10号
		2010年 第13号(特別な直接観測あり)

(海上での最低中心気圧で比較)

編著者

第2章

筆保 弘徳（ふでやす ひろのり）
横浜国立大学 教育学部 准教授
専門：台風、局地風、気象教育

著 者

第1章

山田 広幸（やまだ ひろゆき）
琉球大学 理学部 物質地球科学科地学系 准教授
専門：台風、メソ気象、熱帯気象学

第3章

宮本 佳明（みやもと よしあき）
慶應義塾大学 環境情報学部 専任講師
専門：台風、対流、数値シミュレーション

第4章

伊藤 耕介（いとう こうすけ）
琉球大学 理学部 物質地球科学科地学系 准教授
専門：台風、天気予報

第5章

山口 宗彦（やまぐち むねひこ）
気象庁 気象研究所 主任研究官
専門：台風、台風予報、アンサンブル予報、最適観測手法

第6章

金田 幸恵（かなだ さちえ）
名古屋大学 宇宙地球環境研究所 特任助教
専門：極端現象（台風・豪雨）、地球温暖化

台風についてわかっていることいないこと

2018年 8 月25日　初版発行
2019年 3 月16日　第 3 刷発行

著者	筆保 弘徳／山田 広幸／宮本 佳明 伊藤 耕介／山口 宗彦／金田 幸恵
DTP	WAVE 清水 康広
校正	曽根 信寿
図版	藤立 育弘（図 2-1、2-2、2-3、2-5、3-3、3-6、4-3、6-5、コラム 13）
装丁	FUKUDA DESIGN 福田 和雄
発行者	内田 真介
発行・発売	ベレ出版 〒162-0832　東京都新宿区岩戸町12 レベッカビル TEL.03-5225-4790 FAX.03-5225-4795 ホームページ　http://www.beret.co.jp/
印刷	三松堂株式会社
製本	根本製本株式会社

ISBN 978-4-86064-555-7 C0044　　編集担当　永瀬 敏章